U0591728

培养孩子
十大性格力量
一生受益

乌实———著

SPM 南方出版传媒·广东人民出版社
·广州·

图书在版编目（CIP）数据

培养孩子十大性格力量，一生受益／乌实著 . —广州：
广东人民出版社，2019.9
ISBN 978-7-218-13795-7

Ⅰ.①培… Ⅱ.①乌… Ⅲ.①性格－培养－儿童读物
Ⅳ.① B848.6-49

中国版本图书馆 CIP 数据核字（2019）第 177246 号

PEIYANG HAIZI SHI DA XINGGE LILIANG,YISHENG SHOUYI

培养孩子十大性格力量，一生受益

乌　实　著

出 版 人：肖风华

选题策划：段　洁
责任编辑：刘　宇　马妮璐
责任技编：周　杰　易志华
装帧设计： 胡椒书衣

出版发行：广东人民出版社
地　　址：广东省广州市海珠区新港西路 204 号 2 号楼（邮政编码：510300）
电　　话：（020）85716809（总编室）
传　　真：（020）85716872
网　　址：http：//www.gdpph.com
印　　刷：天津旭丰源印刷有限公司
开　　本：880mm×1230mm　1/32
印　　张：8　**字　　数：**120 千
版　　次：2019 年 9 月第 1 版　2019 年 9 月第 1 次印刷
定　　价：45.00 元

如发现印装质量问题，影响阅读，请与出版社（020－85716808）联系调换。
售书热线：（020）85716826

目录

性格力量三：自立

性格力量四：专注

性格力量五：坚毅

性格力量六：自信

性格力量七：高效

性格力量八：乐观

性格力量九：平和

性格力量十：自律

后　记

前言

  成为父母，是我们人生中重要的里程碑之一，也是我们必须面对的最具挑战性的任务之一。也许从这一刻开始，我们很难再享受完全属于自己的时间，随时会产生各种担心和焦虑，也会有更多的牵挂和期待。可以说，成为父母意味着我们要承担得更多。但好在我们拥有的爱可以超越一切。尽管我们有时会忙得焦头烂额，有时又如履薄冰，但只要有爱，我们就可以坦然地面对一切。无论生活是什么样子，我们都可以从中学习到更多的东西。

  对我来说，第一个孩子的出生是我人生中一个重要的节点。在孩子出生几个月后，我和合作伙伴一起筹备心探索®电子刊物，并在第二年发布。这是国内第一本展现个人成长方法和文化的原创电子刊物。一晃十几年过去了，尽管心探索®不再以电子刊物的形式面向大众，但不变的是，它依然在为人们提供心灵自助的产品和内容，依然在帮助和支持人们获得内心的安宁与幸福。

有很多读者反馈说非常感谢心探索®，因为它帮助他们获得了成长，使他们真正获得了生活的喜悦。在此，我想要说的是——我也同样要感谢那些给我支持和肯定的人们，是你们让我相信，自己所做的事是有意义的。

这十几年来，也许有千百万人和我们以各种方式相遇，无论是何种触碰，我希望我们彼此能在这种触碰中成长。当然，如果我们能够在相互的碰撞中产生火花，也许这火花就能改变我们彼此的生活。那么，我与你之间会不会因为一个生命的诞生所引起的某种碰撞，进而迸发出火花呢？正像有人所说，没有一片雪花会因为意外落在错的地方。

作为父母，一个生命的到来，总会使我们不断思考生活，思考人生。在养育孩子、教育孩子的过程中，我们学到的东西不会比孩子少。当孩子降生的那一刻，我们也会经历一次重生。在没有孩子的时候，我们虽然是成年人，但我们的心智还如同"孩子"，有了孩子后，我们才算真的"成年了"。此时，我们开始从另一个生命的角度思考以前从未认真思考过的事情——每一个前进的脚步、每一次摔倒和爬起、每一次游戏、每一场考试，都有着什么意义。

也许，在繁忙的工作和琐碎的家庭生活中，我们根本来不及去思考"意义"之类的大问题，因为在孩子成长、学习的过程中，我们已被他们无数的问题包围了，每天的精力已被孩子们洪流般的问题消耗殆尽。"每天都得催，做事总是磨磨蹭蹭""注意力完全不集中""脾气特别大，怎么办？""就是不爱学习，道理说尽了也不行""做事三分钟热度，什么事都不能坚持，怎么办？""一点挫折都受不了，特别爱退缩，怎么办？"……

作为父母，我们内心和身上的压力实在太大了，每天都像站在车辆飞驰的十字路口一样，举步维艰，不知往哪个方向走。爱因斯坦曾说："同一层面的问题，不可能在同一个层面解决，只有在高于它的层面才能解决。"因此，在帮助孩子改掉自身毛病，帮助他们解决学习和生活中的问题的时候，我们必须站在更高的维度上去，认识和思考孩子所遇到的问题。只有如此，我们才能更好地帮助孩子成长。当然，如果我们能以更高的维度思考和解决问题，我们也必定会有所成长。

很多时候，父母总是打着爱孩子的幌子，把更多的注意力放在孩子不足的地方，此时我们不仅会让自己感到焦虑，也会伤害孩子。那么，为什么此时的我们会感到焦虑，会伤害孩子，且不能真正帮助孩子呢？因为我们的心智并没有上升到一定的高度，或者说，在对待孩子的问题上我们与孩子仍处在同一层面上。所以，我们根本无法帮助孩子解决问题。

那么，如果我们能从更高的层面上分析孩子身上产生的各种问题，不把它们当成一个个毛病或者坏习惯，而把它们当成培养好习惯的动力和台阶，那我们就能更好地帮助孩子。比如，我们的孩子专注力不够，那么我们要知道这正是个契机，我们可以以此为出发点更好地培养孩子的专注力。再比如，我们的孩子自信力不足，那么我们要知道机会来了，我们可以以此为出发点更好地培养孩子的自信力。

父母都希望孩子在这个世界上既获得社会层面的成功，

又获得自然层面的喜悦与幸福。当父母对孩子抱着这么多美好希望的时候，他们就会对孩子严格要求，就会希望孩子能够全面优秀发展，比如，孩子必须做事专注、爱好学习、自信乐观、团结同学、坚韧不拔、自立自强等。

父母对孩子的期望，简单来说就是希望孩子拥有好学、合作、自立、专注、坚毅、自信、高效、乐观、平和、自律等我们今天要说的十大性格力量。要知道，这里的每个词都意味着一种积极美好的人生态度。父母希望自己的孩子可以拥有这些性格力量或品质，而培养这些性格力量或品质，并非不可能，而是需要我们从生活的点滴入手，一步一步进行。

当孩子拥有好学、合作、自立、专注等性格力量时，他们就能从容书写自己的美好未来。那么，如何才能帮助孩子培养这十种性格力量呢？

在这本书中，我们结合积极心理学、发展心理学、沟通分析心理学等研究成果，并将这些晦涩难懂的心理学理论，拆解成结构化、可操作的，易懂、易会、易用的具体方法，让父母和孩子在生活中可以轻松运用。

针对每一种有积极影响的性格力量，书中将介绍具体可行的培养方法。比如，在培养专注的性格力量的时候，我们可以用四角呼吸法让孩子自己学会快速调整自己的状态；在培养好学的性格力量时，我们可以用兴趣迁移法启动孩子的自发学习系统，激发孩子的学习热情，让孩子不知不觉爱上学习。

本书中说的这些方法简单易行，也符合中国家庭的特点。我自己也经常将本书中的一些方法运用到与孩子的互动中，取得了很好的效果。

可以说，当孩子小的时候，如果我们能帮助孩子培养良好的性格力量，等孩子长大以后，他们自然就能在生活和学习中获得这些性格力量所带来的益处。比如，书里所讲的四角呼吸法，最初时我女儿是用它来在刚上课时切换状态的，后来她发现这种方法容易让自己注意力集中且放松，于是，她就在考试前紧张得难以入睡的时候，用这种方法让自己放松，从而快速入眠。

书中提到的每一种性格力量，我们都介绍了几种容易练习的方法，简短而实用。在帮助孩子培养良好性格力量的时候，我们不一定要用上所有方法，但总有一种方法是适合我们的家庭和孩子的。

在本书成书之前，我们一直为父母们提供"培养孩子十大性格力量，一生受益"的音频课程，在音频课程的分享中，我们经常会收到各种各样的反馈信息。有的家长说："孩子以前不爱写作业，回家老是玩不够。现在，孩子一到家就先写作业，比以前积极多了。"还有的家长说："我家孩子以前喜欢赖床，起床也磨磨蹭蹭，现在这些都不用我操心，他自己知道定闹铃、按时起床，还会心疼我了。"这些变化，就是孩子的性格力量发展的结果。这个结果的产生离不开父母们的言传身教，当然还必须有正确的指导方法。

"培养孩子十大性格力量，一生受益"从音频课程到成书，离不开心探索®团队与合作者的支持。感谢郭孟雄老师的统筹策划，感谢黄云飞老师的策划执行，感谢王玉霞、张春蕊、俞禾、李安妮对本书各章节内容所做的贡献，感谢北京师范大学教育学部教育心理与学校咨询研究所傅纳教授的审校和推荐，感谢北京师范大学心理学院蔺秀云教授提供的宝贵意见，没有他们就没有本书的出版。感谢著名企业家冯仑、东方爱婴董事长贾军、罗指挥音乐教育创始人罗卫华、企业管理导师朱俐安在音频课程推出时所做的推荐。

书中所列举的方法，大多来自心理学、教育学及各种应用科学流派的研究成果，所以也要感谢科学家和学者们的探索和实践，让我们有机会在前进的路上有更多的理论依据可供参考。

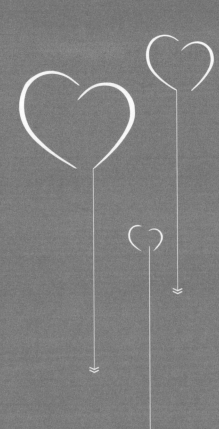

性 格 力 量 一

好 学

　　孩子凭着自己的能力做出了一道题，想出了一个答案，这只是完成了学习这个过程后得到的一个小奖励罢了，而最大的奖励其实是这种自我探索的过程。这个过程会激发孩子的主动性，让他们从学习和探索中获得属于他们的成就感。

让孩子主动学习，关键在于引导

　　一提到孩子的学习成绩，90% 的父母就会感到焦虑和无奈。孩子的学习，是父母最关注的事情，也是父母必须面对的挑战。很多时候，父母都在问："怎么才能培养孩子好学、爱学的好习惯呢？"

　　下面，我们来看看这些话是不是很多父母经常挂在嘴边的："都几点了，还不写作业？""这次考了多少分啊？""你的英语是不是需要补补啊，报个班吧？"……在我们小时候，这些话或者类似的话经常萦绕在耳边。而现在面对孩子，这些话我们自己也经常脱口而出。

　　身为父母，谁不希望自己的孩子喜欢学习，做一个好学的孩子呢？可父母怎么才能真正、有效地帮助孩子培养好学、爱学的性格呢？我想，这才是广大父母应该且必须知道和学习的内容。父母想真正帮助孩子培养好学的性格力量，首先需要了解孩子不爱学习到底是什么原因引起的。

我们可以猜想一下，可能是孩子在思维和学习上缺少方法，没有获得有力的支持，孤军奋战，没有成就感。于是一提到学习，孩子的脑海中就会条件反射地涌出两个字"不会"。还有一种可能是，学校和父母对于孩子的学习普遍感到焦虑，一提到孩子的学习，就把它描述成一件特别苦的事、一件任重而道远的事、一件人无远虑必有近忧的事。每每在对孩子讲述学习的事情时，不管是往远处考虑还是往近处考虑，老师和父母总是一副愁云惨淡的样子。于是无形中，这种焦虑就会影响孩子的学习兴趣。除了这些，孩子不爱学习还有一种可能，就是学习的内容比较抽象，与现实生活联系不多，不能引起他们的学习兴趣。

回忆一下，我们当年不爱学习的原因，是不是就有上面三种情况中的一种或几种呢？那么，针对上面三种情况，我们来具体说说，如何才能培养孩子良好的学习兴趣，帮助孩子掌握一定的学习方法，让孩子主动学习，并爱上学习。

　　通常情况下，不管遇到什么事情，父母都习惯直接给予孩子建议，让他们照着我们说的去做。这样做看起来是节省时间，但对培养孩子的学习能力没有任何帮助，而且还容易让孩子觉得自己做决定的权利被剥夺了。父母想要在学习方法上支持和引导孩子，让孩子真正爱学习、好学习，就必须培养孩子主动学习的积极性。在培养孩子做事的积极性方面，一个有效的方法就是通过提问启发孩子独立思考，而不是直接告诉他该怎么做。

　　父母的提问可以引发孩子的自我觉察，让孩子主动寻找解决问题的方法。这时，孩子就成了开着"学习"这辆车的"驾驶员"，而父母则是坐在副驾驶座位上指导孩子的"教练"。此时孩子的主观能动性也被充分调动起来了，父母就从命令者变成了引导者，孩子也从被动接受者变成了学习的主导者。

　　那么，父母应该怎样提问，才能在思维方式上给予孩子有力支持，让孩子自觉地学习呢？我们可以先从选择式的问句开始，比如，我们可以这样问：

　　"读这一段文字，你是想就这样结束，还是打算读得更熟练一些呢？

"这道题的四个选项中，你觉得可以先排除掉哪个选项呢？

"这两句话，哪句有可能和答案有关呢？"

上面这几句话就是选择式的问句。

除了选择式问句，父母也可以问一些启发性的问题，比如：

"再读一遍题目，会不会对你有些帮助呢？

"多读几遍文章，会不会加深你对文章的理解呢？

"排除一些选项，会不会对你找到答案有帮助呢？"

这些启发性的提问，会让孩子再次遇到问题的时候，也能有意识地用同样的方式问自己。这样的提问方式可以让孩子思路开阔，从而自己找到答案。

还有一种方式也可以在思维方式上给予孩子有力的支持，就是当孩子向我们求助的时候，我们只是给他提供一个思考问题的方向，而不是答案。当然，当我们为孩子提供思考问题的方向的时候，我们也可以通过提问的方式来完成。有时候，我的女儿会问我一些数学题怎么做，我就会用提问的方式，支持她自己探索并解决问题的思路，比如我会说：

"你觉得这道题中，有哪些信息是最重要的？

"想要得到答案，有哪些信息是你可能还需要的？

"还有哪些已知条件，可能对你获得这个信息有帮助？

"还可以从哪个角度入手，来解决问题呢？"

这些都是带有思考方向的提问。

有一次，我的女儿在做一道找错别字的题的时候，一直都找不出一句话里的错别字，我建议她再读一遍句子，结果她还是没找出错别字。于是我说："你愿意试试一个字一个字检查吗？"最后，她通过这种方法很快就找到了错别字。因为有了这次的经验，我相信再遇到类似情况的时候，我说的这种"一个字一个字检查"的方法肯定会对她有帮助。

孩子凭着自己的能力做出了一道题，想出了一个答案，这只是完成了学习这个过程后得到的一个小奖励罢了，而最大的奖励其实是这种自我探索的过程。这个过程会激发孩子的主动性，让他们从学习和探索中获得属于他们的成就感。

美国积极心理学家丹尼尔·西格尔说："走传统的命令

和要求路线会引发孩子'爬行动物脑'部分，他会像一只面对攻击的爬行动物那样进行反击。但通过提问，可以触发他理性的反应，而非对抗式的条件反射。因此，我们需要尽可能多地让孩子练习自己做决定，这会使孩子的上层大脑得到练习和强化，从而运转得更好。"

所以说，要让孩子主动学习，养成好学的良好性格，我们要在思维方法上给予孩子有效的支持和引导。如果孩子在学习的时候遇到了困难，我们要尽量通过提问的方式，帮助孩子想出更多解决问题的思路，启发孩子独立思考，支持他们自己找到问题的答案，而不是直接告诉他们该怎么做。

正确处理负面情绪，保护孩子的学习热情

在帮助孩子养成主动学习、好学的好习惯时，很多父母会觉得心有余而力不足，更多的时候也会表现出不耐烦的情绪。比如，我们常常会说：

"你看你这字怎么写得这么乱啊，急什么呢？

"你怎么还理解不了呢，真是笨死了，再认真看看题目！

"这道题怎么又做错了，上次不是给你讲过了吗？"

很多父母都对上面的这些话很熟悉吧，因为我们小时候也听过这样的话，或者类似的话。我相信，那时候我们的心里肯定很难受，也许当时还发誓："等将来我自己有了孩子，我决不会对孩子说这种话。"可是，当我们成为父母以后，我们还是会无意间说出类似的话。要知道，我们无意中说的

这些带有负面情绪的话语正在不知不觉中打击着孩子的学习热情，使他们变得消极和退缩。

那么，我们小时候经历的伤痛或者难堪，为什么会被我们重新施加给孩子呢？其实这里面无外乎三个原因：第一个原因是，我们小时候没有处理好跟学习压力相关的负面情绪，于是，当我们的孩子遇到类似的情况时，我们内心中的负面情绪就会被激发出来；第二个原因是，学校和社会环境的压力让我们不自觉地对孩子的学习和未来充满担心、焦虑；第三个原因是，我们不了解孩子真正的能力水平，对孩子的期望过高。

正是因为这些原因，作为父母的我们在遇到有关孩子学习的事情时，就很容易产生焦虑、烦躁等负面情绪。然后，我们身上的负面情绪又会进一步变成恐惧、沮丧、无能为力，甚至是攻击性的行为。

如果父母想要保护孩子的学习热情，在心理上和情绪上对孩子的学习给予有效的支持，首先要做的就是让自己从情绪反应中"暂停"，进而正确处理负面情绪。比如，当我们想要发火的时候，我们可以直接跟孩子说："妈妈现在有点心烦，暂时没办法帮到你，我先去处理一下情绪，等我感觉好点的时候再来帮你。"

如果我们能多尝试几次这种处理情绪的方式或者说话方式，我们就会发现，当我们和孩子平和地沟通时，我们才能真正帮助和支持孩子，让孩子真正体会到学习的重要性。否则只会让孩子更加不喜欢学习，对学习也更加被动。父母帮助孩子养成好学的性格力量的关键就是：先处理情绪，再处理事情。

美国心理学家、教育学家简·尼尔森说，我们常常关注孩子的行为，而忽视了他们真正的感觉。感觉是自然而然产生的，无论是负面的感觉还是正面的感觉，都没有对错之分，但是感觉背后对应的行为有对错之分。我们言行背后的感觉比我们做了什么或说了什么更重要，而我们行为背后的感觉和态度，决定了我们会怎么做。

当一个人问："你从这件事中学到了什么？"他既可以用责备和羞辱的腔调说："你从这件事中学到了什么？"（责备口吻）当然，他也可以用表达关心和兴趣的语气说："你从这件事中学到了什么？"（关心口吻）我们每个人既可以营造出一种让人感到亲近和信任的气氛，也可以营造出一种让人感到疏远和敌意的气氛。奇怪的是，居然有那么多大人相信，在他们制造出距离和敌意而非亲密和信任的感觉之后，他们能够对孩子产生积极的影响。

所以说，在对孩子的教育方面，我们只有让孩子感觉好，孩子才能做得好。我们要让孩子感觉好，首先要进入孩子的感觉世界，关注孩子的情绪状态，只有这样才能更好地引导孩子的行为，鼓励孩子主动学习。

简而言之，当我们有负面情绪时，应该先选择一个安静的环境，让自己尽可能舒服地坐着，再慢慢地闭上眼睛，关注自己身体中的情绪能量。然后，问问自己此时此刻身体里有什么地方感觉不舒服。这个方法可以在某种程度上帮助父母克服负面情绪。

方法举例。父母可以在大脑中想一个有关孩子学习的让自己头疼的问题，比如，写作业特别磨蹭、与同学打架了、考试分数不理想。此时，我们要注意到，当我们想到这些问题的时候，身体哪些地方感觉不舒服，哪些部位有紧、痛或堵的感觉。通常这种感觉会出现在喉咙、胸口、胃或者腹部这些地方，当然也可能在其他地方。

　　一般情况下，我们会想办法避开那些不好的感觉，但此时我们应该注意这个不舒服的地方，既不强迫这种感觉消失，也不强迫它减轻，集中精力去注意这种不舒服的感觉。然后再注意一下，把关注点都放在身体最不舒服的地方。

　　当我们把关注点都放在身体最不舒服的地方的时候，这种不舒服的感觉就会减弱，每当它减弱的时候，我们就让自己的注意力再次关注这个有不舒服感觉的地方，离它足够近，直到这个地方没有任何不舒服的感觉。但有时这种不舒服的感觉不在身体里面，而在身体周围，我们可以以同样的方法去关注它，进而消除它。

　　比如，当我们感到有压力的时候，就让自己刻意去注意围绕在身体周围的紧张感，再保持安静，让自己更深地投入到安静之中，保持平静与放松，然后再次体验围绕在身体周围的紧张感是否还存在。让自己在安静里再待一会，当感觉到自己就在安静之中，和安静再也没有隔着任何东西的时候，我们就可以慢慢睁开眼睛了。

　　有的父母可能会说，保留这种紧张感对自己有帮助吗？

当我们觉得保留紧张感没有任何益处的时候，这种紧张感也就消散了，而我们心中的负面情绪也就跟着消失了。

如果父母可以经常尝试这样的练习，我们会发觉因孩子的学习而产生的负面情绪和感受在慢慢减少，内心也变得更加平静，不再因一时的情绪激动而口不择言，打击孩子的学习热情。我们也就能更加从容地帮助和引导孩子学习了，从而也能在心理上给予孩子有效的支持，保护孩子的学习热情。当父母学会了上面的正确摆脱负面情绪的方法时，我们就可以试着教自己的孩子，以此种方法摆脱负面情绪了。

因此，要想在学习方面给予孩子强有力的支持，我们首先应成为处理负面情绪的榜样，不要带着情绪去教训孩子，要在感觉好的时候去开导和教育孩子，不用"恶言恶语"刺伤孩子的心灵，让孩子真正感觉到来自父母的关心和支持，如此才能真正做到保护孩子的学习热情。

好奇心激发孩子学习的内在动机

　　根据心理学家德西和瑞安的研究，孩子的学习动力受外部动机和内部动机的双重影响。外部动机是指行为受到外部因素的影响而推动，和行为本身没关系。比如，有些人不是对学习任务本身感兴趣，而是对学习所带来的结果感兴趣，或者为了避免受到惩罚才去学习。此时，我们就可以说，这些人愿意学习主要是因为受了外部动机的影响。

　　受外部动机影响而学习的孩子，可能是想获得高的分数，或者获得一些由好的学习成绩带来的直接或间接的结果，这些结果包括：证明自己的能力、提高自己在同学中的威信、受到老师的重视、满足父母对自己的期望、避免受到父母的批评、未来能考上好学校、获得更好的工作机会等。

而内部动机是人类固有的一种追求新奇和挑战、发展和锻炼自身能力、勇于探索和学习的先天倾向。受内部动机影响而学习的孩子，可能非常喜欢所学的科目，总想弄懂不明白的问题。他们能从学习中感受到快乐，同时也能提升自己的技能，学习对他们来说是一件很有意义的事情。具有较高内部学习动机的孩子，会把自己的所有精力都投入到学习活动中，甚至完全忽略其他的事情。

孩子的学习动机不是单一的，他们经常会同时受到外部动机和内部动机的双重影响而去学习，这并不是坏事。外部动机能激励一些孩子努力去获得高的分数，在这个过程中，他们掌握了学校的课程；而内部动机可以激励孩子寻找所学知识的意义，并且学以致用，在离开学校之后，他们也会继续享受阅读和学习所带来的乐趣。

但如果孩子的学习只具有外部动机，而缺少了内部动机，那么他们可能只是被动地去学习，只是进行肤浅的思考，且只对简单的任务感兴趣，只要求自己达到最低的学习标准。那么，只具有外部学习动机而缺少内部学习动机的孩子，很可能无法享受通往更高人生成就路上的乐趣。那作为父母，我们应该怎样激发孩子学习的内部动机呢？

　　心理学家研究发现，孩子对活动本身的好奇心是很重要的内部动机。孩子会受好奇心的驱使，探索未知的领域，从而获得满足感。所以，保护和发展孩子的好奇心，对于激发孩子学习的内部动机是非常重要的。

　　好奇心是每个人的天性。我们可以回想一下，小时候我们自己对哪些东西比较好奇，有哪些有趣的经历，而那些不带评价色彩的好奇又会让我们感受到怎样的乐趣和自由。我们可以把自己小时候的这些经历分享给孩子。

　　如果孩子也对此感兴趣，我们就可以和他一起探讨，这不仅可以培养良好的亲子关系，还可以进一步发展孩子的兴趣爱好。同时，我们也可以让孩子看到，我们小时候是怎样带着好奇心在探索中学习的，这既丰富了我们自己的生活，也更容易让我们和孩子之间拥有更多的共同语言。

　　那么，怎样才能让孩子有好奇心，并让孩子把这种好奇心运用到学习中呢？一个有效的方法就是，引导孩子把学习内容和生活联系起来。著名心理学家皮亚杰提出了"儿童认知发展理论"。他认为，儿童的认知发展和青少年的认知发展可以分成四个阶段，7～12岁的孩子正处于"具体运算"阶段，他们的思维活动需要一些所谓的"具体内容"来支撑。这些具体内容包括情景、体验、故事、感受等。对于那些没有体验过的、相对抽象的内容，处在这个阶段的孩子是不太容易理解的。

就以我们成年人为例，在学习某个知识点的时候，如果有具体事物的感受、有现实体验的支撑，我们就更容易理解和接受这个知识点。那么由此我们会想到，在培养和激发孩子的学习兴趣时，关键在于给予孩子机会，让他们在现实生活中运用自己学过的知识以及好奇心去学习，并探索自己内在的动力。

具体来说，当孩子说到关于学习的事情时，我们要表现出关注的态度，表现出和他们一起在现实生活中探索的意愿。比如，孩子的语文课本中提到了某个地方，如果有机会，父母一定要和孩子一起去这个地方参观一下，暂时去不了的话，也可以和孩子一起在网上搜索相关信息，了解一些当地的风土人情，这样一来，也会加深孩子对这个地方、对这篇课文的印象和理解。

再如数学在生活中的应用。父母可以给孩子一些钱，让他去合理使用。当然，父母也可以在分比萨或蛋糕的时候，跟孩子讨论关于分数的话题。再如英语在生活中的使用。父母可以让孩子把学过的单词教给他们，或者和孩子用英语交谈。除此之外，父母还可以和孩子一起做些科学实验，体验物理、化学在生活中的应用。

如果我们愿意放下身段，跟孩子一起把他们在学习中学到的东西运用到生活中，他们的学习兴趣就会慢慢被激发出来。

然而，当孩子的学习成绩不太理想时，我们一定要知道，保护孩子对未知事物的好奇心比让他们单纯地取得好成绩更重要。因为好奇心是孩子主动探索、主动学习的动力。和孩子一起成长和学习，让孩子成为热爱学习而不是为考试而学习的人，这是我们送给孩子最好的礼物。

孩子对学习活动本身的好奇心，是非常重要的内部动机。当孩子对一件事感到好奇，产生兴趣的时候，他们才愿意主动学习。想让孩子把这种好奇心运用到学习中，父母就应该学会引导孩子，引导他们把学习内容和生活联系起来，给孩子机会，让他们在现实生活中运用自己学过的知识，让好奇心成为激发他们学习和探索的内在动力。

兴趣迁移法，让孩子不知不觉爱上学习

当孩子的好奇心得到保护和发展，他们在从事感兴趣的活动时，就能体会到积极的情感，比如，愉快、兴奋和喜爱等。那孩子一般对什么活动感兴趣呢？其实，每个孩子都有自己的兴趣爱好，有的孩子对音乐感兴趣，有的孩子对机械感兴趣，有的孩子对舞蹈感兴趣，有的孩子对绘画感兴趣……

孩子的兴趣多种多样，但是如果孩子对很多父母和老师看重的"主科"不感兴趣，比如，语文、数学和英语，父母就会着急地说"那怎么行""这不是一个好学生"。可是，现实生活中就是有很多孩子对这些所谓的"主科"不感兴趣。因此，我们今天就来学习如何通过兴趣迁移法，让孩子把对其他活动的兴趣转移到"主科"学习上来。

　　心理学研究表明，一个人通过学习而获得的知识、技能、态度、动机、品德都会向其他的情境迁移。而兴趣属于动机的一个方面，人们的兴趣可以从一个事物迁移到另外一个事物上。也就是说，如果孩子在学习的过程中对某项科目不感兴趣，那么我们就可以从课外活动或者日常生活中着手找到孩子的兴趣点，然后，帮助孩子进行兴趣的水平迁移。

　　然而，兴趣迁移也有一定的条件。条件是孩子已经有了感兴趣的活动，而且必须是能提升某种技能的有挑战性的活动，比如，绘画、打篮球、演讲、弹吉他等。除此之外，孩子还必须对这个兴趣拥有自己的某种优势，能够在这个兴趣上取得一定的成就。

　　比如，孩子的兴趣是打篮球，如果他投篮特别准，那么打篮球就是他的优势兴趣。再比如，孩子下棋下得特别好，这也是一种优势兴趣。甚至包括打电子游戏。但是我们说的电子游戏必须是健康益智的。对于这款电子游戏，孩子玩得比较好，手眼配合能力、反应能力、判断能力、空间感知能力等都能得到提高，那这也算是他的一项优势兴趣。上面我们说的这些兴趣中所表现出的能力，都可以迁移到学习中。

很多孩子都喜欢看动画片，下面我们就具体说一下，喜欢看动画片的孩子怎样从看动画片这个爱好中培养和提升学习技能。如果孩子特别喜欢看某部动画片，能对动画片的故事情节讲述得绘声绘色，让没看过动画片的人也觉得这部动画片很有意思，也想看上一集，那么这个孩子在看动画片的过程中，其实就是进行了主动学习的。并且他的观察力、记忆力、表达能力也都得到了锻炼和提高，这些能力也在潜移默化中成为他的一种学习能力。而这就是兴趣迁移的第一步。

如果我们能找到孩子的优势兴趣，我们要对孩子在这个兴趣中体现出的能力给予肯定，并使孩子对于自己在优势兴趣方面所具有的能力有明确的认识，对自己具备的这些能力有信心。此时，我们也算帮助孩子完成了兴趣迁移的第一步。

兴趣迁移的第二步是，父母应引导孩子将他在优势兴趣上所具有的能力或品质，迁移到具有相关性的学习活动上。比如，孩子把动画片讲得绘声绘色，那么我们就可以引导孩子把这种理解、记忆、表达的能力运用在语文阅读方面，让孩子将学习的课文或阅读的文学名著，用讲故事的方式讲给我们听，这就培养了孩子对阅读的兴趣和能力。

兴趣迁移的最后一步是，父母应和孩子一起对这项学习活动制订一个具有挑战性的学习目标，鼓励孩子努力去达成。由于孩子在这方面的学习上已经建立起了自信，因此也就相对容易取得一定的成绩。当孩子取得成绩时，父母还要及时给予孩子称赞和鼓励。

当孩子既获得了学习本身的快乐，也体验到了因为学习而获得的成就感和满足感时，那么孩子在这个学习领域就形成了对学习本身的兴趣。由此，孩子就会不断地在学习过程中提升能力，再由学习结果中获得成就感，这样正向的循环就能更容易培养孩子相对稳定的学习兴趣了。

所以说，父母可以通过兴趣迁移法培养孩子好学的性格力量，具体可以分为三步：

第一步，找到孩子的优势兴趣，并对孩子在这个兴趣中体现出来的能力给予肯定。

第二步，将这些能力与相关的学习科目联系起来，引导孩子对相关的学习科目产生兴趣。

第三步，和孩子一起就这个相关学习科目制订一个小目标，鼓励孩子努力去达成目标。在一步步的过程中，帮助孩子形成一种对学习本身充满兴趣，在学习过程中提升能力，再从学习结果中获得成就感的正向循环，并最终完成兴趣迁移。

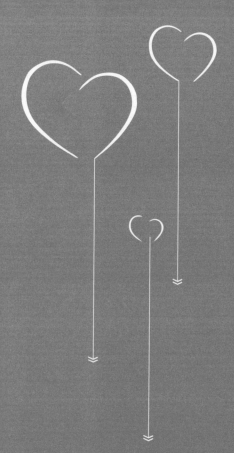

性 格 力 量 二

合 作

　　作为父母，我们应该注意的是，我们是孩子的帮助者，不是孩子的决策者。合作本身就不是一件容易的事情，这要求我们不仅要了解孩子的内在需求，了解自己的立场和界限，更要能够温和坚定地表达自己，同时也要学会接纳他人与自己不同的感受、想法、期待。

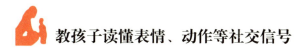 **教孩子读懂表情、动作等社交信号**

合作是指我们与其他人或者集体，为了达到共同的目标彼此配合的一种方式。对于成年人来说，合作是一个非常熟悉的概念，对于孩子来说却是陌生的。孩子终会长大，他们也会融入社会。因此，我们必须让他们尽早明白合作的重要性，并在日常的生活和学习中不断培养他们的合作能力和社交能力。

一个人如果想与他人建立良好的合作关系，就需要有良好的社交能力，知道如何与他人相处。那么，不管是培养孩子的合作能力还是社交能力，我们首先必须让孩子读懂社交信号，即他人的表情和动作。

表情和动作也是一种表达方式，而且还是人际交往中非常重要的组成部分。孩子在与他人交往的时候，不仅会使用语言，还会使用丰富多样的表情和夸张的动作。这种表情和动作不仅能表现他们自己，还能反映他们对某些人或事的看法和态度。

例如，小学四年级的安安经常在小伙伴面前吹嘘："我爸爸最近又给我买了好多玩具，都是在国外买的，可厉害了。"他的小伙伴听了之后，只是尴尬地笑笑，一副不想理他的表情。安安看到小伙伴笑了，还特别兴奋地说："你也觉得特别厉害，对吧？"小伙伴知道安安又在炫耀了，只好既无语又无奈地走开了。看着小伙伴的背影慢慢消失在视线中，安安还一头雾水，不知道这是怎么了。

像安安这种情况，就是看不懂他人的反应，读不懂别人所表现出的社交信号。针对类似安安的这种情况，美国著名心理医师凯西·科恩总结了很多方法，这些方法可以帮助孩子读懂社交信号，训练孩子的社交能力。

比如，父母可以和孩子一起读书，和孩子一起讨论对于故事里的人物的感受；可以在和孩子一起看电视、看电影的时候，一起讨论人物的情绪，讨论他们是如何表达这种情绪的；也可以让孩子看杂志上人物的表情、动作，并说出符合他们表情的词语；还可以教孩子制作一些表情卡，让孩子分别画出高兴的脸、难过的脸、面无表情的脸，引导孩子写出符合表情的词语。如果孩子一时难以准确写出一些表情词语，父母也可以写出一些表情词语，让孩子将词语和表情进行连线。

当然，我们也可以发展出一些更有创意的方式，把训练设计成一个好玩的游戏，比如，父母和孩子一起进行表情大比赛，提前准备好情绪卡片——高兴的、难过的、生气的、悲伤的、痛苦的等，让孩子通过表情和动作，把高兴、难过等情绪表演出来。如果爸爸和孩子作为选手一起参与比赛，妈妈可以当裁判，一家人一起玩。这样，孩子就可以通过游戏，学会用不同的表情、动作、姿态来表达情绪，与人交流了。

除了读懂社交信号，我们还可以引导孩子，在与人交往中要守规则、懂尊重、能合作、会分享。父母想让孩子学会这些，可以让孩子参与一些集体性的游戏，这是一个不错的方式。在孩子的朋友们来家里玩的时候，父母就可以安排他们玩这种游戏，爸爸妈妈也可以参与其中，帮助孩子们进行分组，同时也要告诉孩子们必须互相合作，才能完成某种任务。

在游戏开始前，我们应先引导孩子们一起制订游戏规则。在玩游戏的过程中，我们可以观察孩子的言行，把突发状况记录下来。在游戏结束后，我们还要引导孩子们讨论和分享做游戏的感受。

游戏可以很简单，哪怕是分组比赛顶气球都可以。重要的是，在这个过程中，我们不仅要让孩子体会到什么是规则，更要激发孩子的合作意识，锻炼孩子的表达能力。

在做游戏的过程中，孩子可以从中学会使用语言、表情、动作等方式来表达自己的情感，也能明白规则、懂得尊重、学会合作，这既锻炼了孩子的表达能力，让孩子读懂了社交信号，又激发孩子的合作意识，进而也能更有力地提高孩子的社交能力。

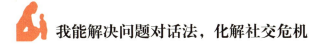 **我能解决问题对话法，化解社交危机**

在与同伴的交往过程中，孩子免不了会遇到各种各样的社交问题，如与其他小朋友抢玩具。在抢玩具这件事情上，有的孩子会和小朋友打起来，也有的孩子会因为拿不到自己想要的玩具而沮丧地走开或者伤心地大哭一场。我想，不管是哪种情况，都不是做父母的想看到的。

每当这个时候，很多父母或许就会告诉孩子："要学会合作，学会分享。"有些父母或许会进一步教给孩子一些处理问题的方法，比如，父母可能会告诉孩子"你可以和小朋友说我们轮流玩，或者和小朋友交换玩具"。有些孩子听从父母的教导，于是再遇到类似情况的时候，他们就会按照父母教的方法去做。

但是，如果孩子已经说了"合作和分享"的话后，有些小朋友仍然不愿意分享玩具，甚至会拿孩子开玩笑，捉弄孩子，此时我们的孩子可能会手足无措。孩子会想，我已经按照父母说的做了，为什么小朋友还是不愿意让我玩他的玩具呢？为什么？此时孩子就会陷入深深的无助和恐慌中。

为什么会出现这种状况呢？主要原因是，我们为孩子提供的处理社交问题的方法是我们自己想出来的，不是孩子自己思考出来的。孩子没有主动思考解决问题的方法，因此，当他们再次面对突如其来的问题中又包含新问题的时候，他们仍然不知道该怎么解决。所以说，父母自己想出的帮助孩子解决社交问题的方法并不能从根本上帮到孩子，我们必须让孩子自己学会思考解决问题的方法。

那么，今天我们就来分享一个帮助孩子学习思考解决问题的方法——我能解决问题对话法。我能解决问题对话法是儿童发展心理学家默娜·舒尔设计的，因为这个方法，默娜·舒尔还获得了三项美国心理学会大奖。我能解决问题对话法从四个方面帮助孩子应对社交问题，提升社交能力。这四个方面分别是：一、明确问题在哪；二、理解自己和别人的感受；三、思考解决问题的方法；四、评估这一解决方法的效果。经过反复的实践证明，我能解决问题对话法确实可以让孩子更好地与人相处，提升社会交往和合作的能力。

我们来看个例子。有一天，上幼儿园的小磊把他的吸铁石借给小明玩，但后来他想要拿回来，可小明不肯还给他，于是小磊就想抢回吸铁石。结果，小磊被小明踢了一脚，于是两个人就打起来了。后来，小磊抢回了他的吸铁石。但老师把这件事告诉了小磊的妈妈。小磊的妈妈就用了我能解决问题对话法和小磊展开了一段对话：

妈妈问："小磊，老师告诉我你又和同学抢玩具了，你能告诉我发生了什么事吗？"

小磊说："小明拿了我的吸铁石，不肯还给我。"

妈妈问："你当时为什么一定要拿回来？"

小磊说："因为他已经玩了很长时间了。"

妈妈又问："你那样抢玩具，你觉得小明会有什么感受？"

小磊说："他很生气，但我不在乎，因为吸铁石是我的。"

妈妈又问："你抢吸铁石的时候，小明做什么了？"

小磊说："他打我。"

妈妈接着问："那你有什么感受？"

小磊回答："我很生气。"

妈妈又说："你生气，小明也生气，并且他打了你。你能想一个你们两个人都不生气，而小明也不会打你的方法拿回吸铁石吗？"

小磊说："我可以请他还给我。"

妈妈接着问："那样的话，可能会发生什么呢？"

小磊说："他会说不。"

妈妈说："嗯，他可能会说不。那你还能想到什么别的办法拿回玩具吗？"

小磊说："我可以让他玩我的玩具汽车。"

妈妈说："好主意，你想到了两种不同的方法拿回玩具。"

通过上面的对话，我们看到小磊的妈妈了解到了两个孩子争吵的更多情况。她了解到，从儿子小磊的观点来看，小磊已经分享了自己的玩具，是小明玩了很久后仍然不愿意还给小磊的。如果小磊的妈妈一上来就批评他，并教训他要分享玩具，那不但会伤害到孩子幼小的心灵，而且也不能真正了解到孩子与朋友争吵的原因。

在这段对话里，小磊的妈妈没有用一些她自己认为"正确"的方法来解决问题。她没有一上来就告诉小磊要分享玩具，也没有向小磊解释他为什么不该抢玩具。事实上，在她问小磊为什么当时一定要拿回玩具时，关注的重点已经从小磊抢玩具这一问题转变到了另外一个问题上来——小磊如何拿回他的玩具？

小磊的妈妈通过询问的方式帮助儿子思考了几个问题——他自己及他人的感受、他自己行为的后果，以及他可以选择的其他做法。小磊的妈妈是在用我能解决问题对话法与孩子谈话，从而教孩子学会自己思考解决问题的方法。最终，孩子通过自己的思考，找到了和小朋友达成合作、避免冲突的方法。这就是我能解决问题对话法的优势。

我们来看看，为什么我能解决问题对话法会有这么好的效果呢？

一开始，妈妈问小磊："老师说你又抢玩具了，你能告诉我发生了什么事吗？"妈妈用这样的询问方式，其实是在帮助孩子学会客观地描述事情发生的过程，从而让孩子认识到自己在社交中遇到了什么问题。

妈妈说："你那样抢玩具，你觉得小明会有什么感受？"这是在帮助小磊考虑其他孩子的感受。

妈妈又说："你抢吸铁石的时候，小明做什么了？"这是在帮助小磊思考自己行为的后果。然后小磊回答说小明打了自己。

妈妈接着问："那你有什么感受？"这是在帮助孩子思考自己的感受。

妈妈后来又问孩子："你能想一个你们两个人都不生气，而小明也不会打你的方法拿回吸铁石吗？""那样的话，会发生什么呢？"这是在帮助孩子思考正面的解决办法，以及这种解决办法会产生的后果。

妈妈最后还问："那你还能想到什么别的办法拿回玩具吗？"这是在鼓励孩子想出更多解决问题的办法。

我们来总结一下，我能解决问题对话法的具体对话步骤：

第一步，用询问的方式，让孩子学会客观地描述事情发生的过程。我们可以这么问："你能告诉我发生了什么事吗？"

第二步，用询问的方式，帮助孩子体会自己和别人的感受。我们可以这么问："你这样做的时候，别人会有什么感受？""那你有什么感受？"

第三步，用询问的方式，帮助孩子思考正面的解决办法。我们可以这么问："你能想一个你们两个人都不生气，而且还能和平解决问题的方法吗？"

第四步，用询问的方式，帮助孩子思考这种解决办法会产生的后果。我们可以这么问："那样的话会发生什么呢？"

第五步，鼓励孩子想出更多的解决办法。我们可以这么问："你还能想到什么别的办法呢？"

上面的五个步骤，就是对我能解决问题对话法的简单应用。父母和孩子可以在日常的生活中多加练习，必定能够看到好的效果。

这样询问，再次提升孩子化解冲突的能力

在和大家分享化解冲突的方法之前，我们先来看看，作为父母，我们平时是如何帮助孩子化解冲突和矛盾的。比如，当孩子跟我们说："今天小明打我了。"身为父母，我们可能会问孩子："那你做了什么？"孩子可能会说："我也打了他。"这时候，我们可能会说："打人可不对，下次再遇到这种事，最好先告诉老师，老师会帮你解决的。"

上面的这组对话，是当孩子遇到矛盾和冲突时，父母从自己的角度为孩子提出的解决问题的方法。但是我们发现，通过这种方式，父母并没有了解到孩子挨打的原因，也没有了解到孩子对这个问题的看法。而且如果孩子按照我们建议的方法去解决问题，根本不能培养孩子自己思考和找到化解冲突、争取合作的方法的能力。

同样的事情，有的父母可能会问孩子："他为什么打你？"

孩子说："我不知道。"

父母问："是你先打他了，拿了他的玩具，还是别的什么原因？"

孩子说："我拿了他的书。"

父母再问："你应该拿别人的东西吗？"

孩子说："不应该。"

父母问："当你想跟别人要一个东西的时候，应该怎么做？"

孩子说："和他说我想借用一下你的书，可以吗。"

父母说："对，你应该先征求别人的同意。你没有征求别人的同意就随便拿人家的书，当然是不对的，所以人家才打你。"

父母如果能用这样的方式与孩子沟通，那么说明父母还能多少了解到一些孩子被打的原因，但是此时父母还是在从自己的主观方面教导孩子应该怎么做，而不是从孩子的角度出发帮助孩子找出解决问题的办法。

　　现在我们来看看，运用我能解决问题对话法，父母应该怎样和孩子沟通？

　　父母问："谁打你了？"

　　孩子说："小明。"

　　父母问："发生了什么事？他为什么打你？"

　　孩子说："他就是打了我。"

　　父母又问："你是说他无缘无故地打你？"

　　孩子说："哦，是我先打他的。"

　　父母继续问："为什么呢？"

　　孩子说："他不让我看他的书。"

　　父母又问："那你打小明的时候，你觉得他会有什么感受？"

　　孩子回答："生气。"

　　父母接着说："你能想想自己做什么或说什么，小明才不会生气而且还会让你看他的书吗？"

　　孩子想想说："我可以拿本书给他看。"

　　父母说："这是个不错的主意，你可以试试看。"

在上面的对话中，父母就运用了我能解决问题对话法与孩子沟通，没有直接给孩子提建议，或者讲道理，而是鼓励孩子思考对方的感受和问题出现的原因，然后帮助孩子思考解决问题的方法。父母与孩子的这个对话过程，可以培养孩子发现问题的能力，理解他人感受的能力，考虑自己行为后果的能力，以及寻找不同解决办法的能力。这些能力不仅有助于孩子更好地应对社交问题，化解冲突，还能提升孩子的沟通能力、合作能力。

刚开始和孩子用这种方式沟通的时候，父母可能不是很习惯，还需要一定的时间去练习。因此，我们可以给父母提供一个基本的对话参考示例，好让大家能更快地熟悉和掌握这种对话方式。这个对话参考示例有五个问句：

第一句是问孩子："发生什么事了？"或者"怎么了？"让孩子理顺冲突的经过。

第二句是问孩子："当时对方有什么感受？"让孩子考虑对方的感受。

第三句是问孩子："你自己有什么感受呢？"让孩子理解自己的感受。

第四句是问孩子："你能想一个你们两个人都不生气的解决问题的方法吗？"让孩子寻找化冲突为合作的解决方法。

第五句是问孩子："这是不是个好主意？"让孩子思考自己想出的解决方法，能不能达到合作的目的。如果是个好主意，我们就让孩子试试看；如果不是个好主意，我们就让孩子再想一个不同的方法。

我们也可以试一试，用角色扮演的方式和孩子多练习一下我能解决问题对话法。我们可以把两个玩偶当作两个小朋友，给孩子提出一个需要解决的社交问题。

比如，一个玩偶想出去玩，一个玩偶想待在家里，怎么办呢？或者一个玩偶想玩对方的玩具，可是对方也想玩，那该怎么解决这个问题呢？父母可以问孩子："你怎样才能解决这个问题呢？""如果你这么做，会发生什么呢？"

双赢沟通五步法，让孩子真正学会合作

双赢沟通五步法是指，在日常生活中，父母通过和孩子的互动合作，潜移默化地影响孩子，培养孩子与父母合作，与他人合作的能力。双赢沟通五步法包括五个步骤：第一步，沟通需求；第二步，明确原则；第三步，寻求共识；第四步，达成一致；第五步，温和坚定。

双赢沟通五步法的第一步 —— 沟通需求。当我们的想法与孩子的想法发生冲突的时候，我们首先要注意和孩子沟通，了解孩子的内在需求，这样才能更好地理解孩子，引导孩子学会合作。比如，孩子放学回家，妈妈想让孩子先写作业，可孩子却说："我要先玩一会儿。"这时，妈妈一定要克制自己的情绪，别急着发脾气，而是应该语气温和地问孩子："妈妈希望你回来先写作业，是因为妈妈觉得写作业很重要。而你想先看电视，你能告诉妈妈，你是怎么想的吗？妈妈想听听你的想法。"这时孩子可能会说："学了一天，好累！我想先玩一会儿。"

我们通过和孩子的沟通，了解到孩子的期待是先休息再写作业。而我们的期待是孩子先写作业再休息。此时，我们和孩子之间就会产生矛盾，我们该怎么办呢？这时我们就需要进行第二步 —— 明确原则。

双赢沟通五步法的第二步 —— 明确原则。父母要注意的是，面对孩子的要求，我们要有原则，不要一味退让，否则就会让孩子没有原则和界限的概念，过于以自我为中心，在今后的人际交往中，也不利于与他人达成合作。就写作业这件事来说，妈妈可以尊重孩子的需求，让孩子先玩一会儿再写作业。但是，孩子必须遵守约定，玩一会儿后必须写作业，不能违反约定，一再拖延。

双赢沟通五步法的第三步 —— 寻求共识。当我们和孩子通过沟通，明确了彼此应遵守的原则，就可以寻求共识了，这能让我们和孩子有一个共同的方向和目标，这样我们和孩子才更有可能合作成功。在让孩子写作业的问题上，妈妈希望孩子放学后立刻写作业，而通过沟通了解孩子的需求后得知，孩子的期待是先玩一会儿再写作业。由此可知，妈妈的期待和孩子的期待中有一部分是重合的，即写作业。那么，当妈妈和孩子对于写作业这件事有了共识之后，就可以开始进行第四步了。

双赢沟通五步法的第四步——达成一致。当我们和孩子有了共识，并且明确了彼此的原则后，我们就可以和孩子沟通共同目标了。就写作业这个目标而言，妈妈可以和孩子说："妈妈想让你先写作业再玩，而你想先玩一会儿再写作业。这不过是先后顺序不同而已，其实我们的目标是一样的，都是完成作业。我们可以商量一下怎样才能达成我们的共同目标。妈妈知道，你一定会完成作业的。"

此时，可能孩子还是会选择先玩一会儿。如果这样，妈妈可以问问孩子："那你想玩多久呢，30 分钟可以吗？"一般来说，孩子都是可以接受这个时间的。那么妈妈和孩子的共同目标就是——玩 30 分钟后，按时写作业。

父母们可能也注意到了，在和孩子确定共同目标的过程中，孩子想要玩一会儿，妈妈却给了孩子具体的 30 分钟玩耍时间。为什么呢？因为在制订共同目标的过程中，"一会儿"是个模糊的表达，不够具体，不可量化，而"30 分钟"是具体的、可量化的，是个准确的时间范围，可以给孩子一个清晰的概念，让孩子明确知道双方的共同目标。

约定好共同目标，我们就可以让孩子自己安排这 30 分钟时间了。我们可以提醒孩子定好闹钟，或者 30 分钟过去后，我们适当地提醒孩子：时间到了，该写作业了。这时候，大部分孩子都会遵守约定去写作业。但有的孩子，可能会觉得没玩够，想多玩会。遇到这种情况，我们该怎么办呢？这正是我们第五步要说的内容。

双赢沟通五步法的第五步 —— 温和坚定。有些孩子在约定时间到了以后，觉得没玩够，想再玩会儿，父母也要理解，因为爱玩是孩子的天性，父母千万不要说"你再不去写作业就不让你吃饭了"这种话。因为这种威胁的方式会让孩子产生被胁迫的感觉，形成心理压力，进而引起逆反心理，让孩子更加不愿意合作。

不管遇到什么情况，父母都要在理解的基础上，坚定自己的界限，尊重孩子，平等地和孩子沟通。如果遇到孩子不遵守约定的情况，这时父母可以告诉孩子："写作业是你的事情，但是合作是我们两个人的事情，我们既然约定了，那么你就要遵守约定。妈妈答应你可以多玩一会儿，是因为妈妈知道，你在学校学习很辛苦，所以妈妈尊重你要多玩一会儿的选择。同时，你也要尊重妈妈，既然答应了妈妈玩一会儿就写作业，那就一定要做到。"

父母立场坚定，温和地与孩子沟通，给予孩子尊重，引导孩子合作，这些不仅体现在学习上，还体现在生活的各个方面。比如，我们逛商场的时候，看到有孩子到处乱跑，有的父母就会对孩子大吼："别乱跑了！下次再也不带你出来了！"再比如，孩子因为好奇拆坏了手表或者电脑，父母生气地说："看你干的好事！给我面壁思过去！关小黑屋！"

上面的父母的说话方式和态度是不温和的，不够尊重孩子的，不利于孩子和父母达成合作共识。其实，面对这种情况，父母可以平和地跟孩子说："你到处乱跑让妈妈生气，因为这样你很容易受伤，妈妈会心疼。你答应妈妈不乱跑，好吗？"这种既坚定立场又足够尊重孩子的对话方式，会让孩子更愿意和父母合作。

当我们能够有效引导孩子，给孩子示范正确的合作方式的时候，孩子自然就能从我们身上学会如何合作。

我们再来回顾一下双赢沟通五步法的五个步骤：

第一步，沟通需求。父母要和孩子沟通，了解孩子的内在需求，理解孩子。

第二步，明确原则。当孩子提要求时，父母要明确自己的原则，不能一味地退让。

第三步，寻求共识。明确父母和孩子双方的真正目标，寻求共识，形成共同目标。

第四步，达成一致。父母确定合作的共同目标后，要和孩子沟通，达成一致。

第五步，温和坚定。无论发生什么情况，父母都应该是温和而坚定的，既不丢失立场又尊重孩子，耐心地和孩子沟通，直到最终达成共同目标，形成合作关系。

在日常的生活中，父母可以尝试着用双赢沟通五步法的说话方式与孩子沟通。作为父母，我们应该注意的是，我们是孩子的帮助者，不是孩子的决策者。合作本身就不是一件容易的事情，这要求我们不仅要了解孩子的内在需求，了解自己的立场和界限，更要能够温和坚定地表达自己，同时也要学会接纳孩子与自己不同的感受、想法、期待。

作为父母，身教大于言传。孩子会在跟父母的合作中，学习如何达成合作目标和如何解决分歧。孩子与父母的合作，也在潜移默化中教会了孩子如何与他人合作，不知不觉中就逐渐培养了孩子的合作能力。

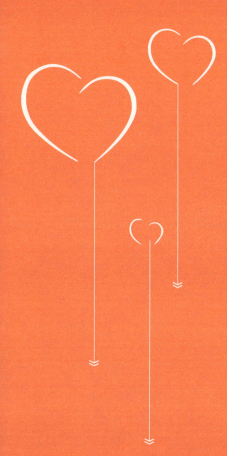

自 立

　　在一件事情中，如果是我们自己的责任，我们就要承担责任，为孩子树立一个负责任的好榜样；如果是孩子的责任，我们就要让孩子体验自己的行为带来的后果，不管是好的还是坏的，都要让孩子学会为自己的行为结果负责。

支持型父母，给予孩子尝试一切的力量

生活中，有的父母经常会觉得自己的孩子依赖性特别强，不够自立，比如，起床需要父母叫、书包需要父母收拾、写作业还得父母陪着等。在如今这个飞速发展的社会中，父母每天都要面对很多压力，因此他们希望自己的孩子是自立的，最起码能够处理好力所能及的事情。于是，很多父母就会问："怎么做才能培养孩子的自立能力呢？"

心理学家提出，自立是指个体从自己过去依赖的事物那里独立出来，自己行动、自己做主、自己判断，对自己的承诺和行为负起责任的过程。独立、自主和负责这三个词语想必是父母们想从自己孩子身上看到的品质，也是希望自己的孩子能拥有的能力。那么父母怎样做才能让孩子拥有

这三种能力呢？首先要培养孩子的自立能力。

要培养孩子的自立能力，让孩子真正独立起来，父母要给予孩子支持。但我们必须明确强调的是，在父母和孩子的关系中，父母给予孩子的支持一定要适度。

在教育孩子的过程中，父母们容易犯的一个错误就是过度保护，最近的一些流行词，如"直升机父母""割草机父母"之类，都是用来形容对孩子过度保护的父母的。在孩子遇到困难时，这样的父母还没等孩子自己想办法呢，他们就先冲到前面，把困难给解决了。父母对孩子的这种过度保护很容易让孩子产生依赖心理，也不利于培养孩子的独立性。还有一些父母，他们又过度地放任孩子，随便孩子做什么都不管。

还有一些父母会在这两种状态中摆动，一会是过度保护的状态，一会又是过度放任的状态。有时候，过度保护的父母会把一切都为孩子安排好，一旦孩子没有照做，他们就会觉得："我把什么都给你安排好了，你竟然没有按照我安排的做，我很生气，既然你不按照我帮你安排的做，那我就不管你了。"这个过程中，前半部分，父母是处于过度保护的状态；而后半部分，父母又处于过度放任的状态。

　　孩子虽小但很敏感，当他们知道父母不管自己的时候，他们的心里肯定很难受。他们肯定会想："爸爸妈妈突然不管我了，是不是不爱我了？是不是要抛弃我了？"一旦孩子的内心有这样的感受，他就会感到害怕、孤独。在这样的情况下，孩子肯定无法真正做到独立自主。所以，要让孩子走向独立，我们要成为真正的支持型父母，无论孩子是什么样子，我们都能以最大的耐心给予孩子支持和引导。

　　每个孩子都希望获得父母的爱和支持，尤其是遇到困难的时候，更是如此。如果父母能在孩子遇到困难的时候，坚定地站在孩子背后，温柔地对孩子说："无论你遇到什么困难，爸爸妈妈永远是你坚实的后盾，你可以大胆地去尝试，做你想做的事情，爸爸妈妈永远支持你。"

　　作为孩子，当他们听到父母这样说的时候，他们肯定会觉得："我是可以的，我是有力量的，爸爸妈妈是相信我的，我可以尝试着做任何事情，我可以用我的智慧、我的身体、我的感受去做判断，就算错了也没关系，我的爸爸妈妈会在背后支持我，我不会害怕，我相信自己有能力解决所有问题。"

　　当我们无论在何种情况下都能和孩子站在一起的时候，我们就能给予孩子支持和力量，孩子就能独立自主地面对自己的人生，勇敢地追求自己的梦想。那么，在平时和孩子沟通的时候，我们就可以用支持的口吻与孩子说话，真正成为支持型父母，让孩子觉得自己可以尝试去做一切事情，渐渐地，孩子的自立能力就能得到提升。

从助手到主角，培养孩子的自立能力

　　父母想要培养孩子独立自主的能力，也可以从让孩子体验独立自主所带给他们的那种不一样的感觉开始。想让孩子体验独立自主的感觉，父母就应该给孩子一些时间和空间，让他们从中体验到独立自主所带来的成就感，让他们体验到掌控自己的生活、掌控自己的人生所带来的力量。

　　在培养孩子独立自主的能力的时候，父母可以从小事开始给孩子做示范，让孩子看看我们是怎么做的。比如，在整理房间这件事上，刚开始的时候孩子肯定做不好，这时，妈妈可以先帮助孩子整理房间，同时让孩子在一旁观察，妈妈可以一边整理房间，一边对孩子进行耐心细致的讲解。

　　当我们为孩子做了示范之后，我们就可以邀请孩子和我们一起整理房间。最开始的时候，我们可以让孩子做我们的小助手，帮助我们整理房间。然后慢慢地，我们再和孩子互换角色，让孩子变成主角，我们做孩子的助手，只在孩子需要我们帮忙的时候，我们再进行适当的引导。通过这个过程，我们就可以逐渐培养孩子整理房间的能力，并最终让孩子独立完成这件事。

再比如，在帮助孩子收拾玩具这件事上，我们可以这样做：开始时，我们帮孩子收拾一部分，让孩子自己收拾一部分，慢慢地再让孩子学会自己收拾玩具，我们只是适当进行引导，直到最终完全放手，让孩子独立完成。能力都是日积月累培养起来的。当孩子能不断地独立完成一件事情的时候，他们的能力和自信心就会渐渐增强，自立能力也会渐渐增强。

还需要注意的是，当孩子独立完成一件事时，父母一定要用积极的语言来赞美和表扬孩子。我们可以告诉孩子："我看到你做得非常认真，而且独立完成了任务，真是太棒了！"

表面上看，我们让孩子独立完成一些事情好像特别耗费时间，但是，从长远的角度来看，我们不只是让孩子完成了某一件事，而是培养了孩子做事的正确方法和态度，培养了他们独立自主的能力。而且，孩子在这个过程中也体验到独立自主所带给他们的成就感和力量，为他们适应未来的社会生活打下坚实的基础。

划清心理边界，培养孩子的责任意识

在培养孩子的自主能力的时候，我们还必须培养孩子的责任感，因为没有责任感的人，其自主能力肯定不会太强。所以，我们今天要说的就是如何正确区分孩子和父母之间的责任问题。

在实际生活中，我们经常会遇到责任不明的情况，有些错误本该由孩子承担责任，父母却替孩子承担了。孩子自己是拥有解决问题的能力的，只是父母总是认为孩子做不好，于是包办代替。长此以往，孩子遇到问题的时候就不会主动思考解决的方法，而是变得越来越依赖父母。对此我们可以说，孩子的自立能力被父母"扼杀在摇篮里了"。

然而，还有一些问题本该是父母承担责任的，父母却想让孩子承担责任。这听起来可能有点不可思议，但确实存在这种情况。比如，一位妈妈陪孩子写作业，有一道题孩子想了 20 分钟都没想出来，这时妈妈就会给孩子一遍遍地讲，可是讲了好多遍孩子还是不懂。此时，妈妈的脾气就上来了，大吼："我都讲这么多遍你还不懂，怎么这么笨，气死我了！"这时候，妈妈就是间接地把自己生气的责任归咎到孩子身上了。但事实上，坏情绪是妈妈自己的事情，是妈妈没有控制好自己的情绪。

妈妈生气大吼的时候，孩子可能会认为："因为我一直没听懂，妈妈生气了，我是不是真的太笨了？"当孩子这么想的时候，他就承受了妈妈的负面情绪，也背负了妈妈的责任。这样的话，孩子不但没有从妈妈身上学会如何处理自己的情绪，而且要为妈妈的坏情绪"买单"。只有我们做父母的能够正确处理自己的情绪，为自己的情绪负责，我们才能为孩子树立一个自我负责的好榜样。

无论遇到何种事情，父母一定要明确责任，也一定要教孩子明确责任。只有责任明确，父母才能把属于孩子的责任还给孩子，让孩子有机会得到锻炼，逐渐学会独立地解决问题，进而拥有独立自主的能力。

那么父母和孩子之间的责任应该怎么划分呢？接下来我们就来学习一个明确父母和孩子之间责任的方法，即划清心理边界。每个人都有两种生存空间 —— 物理空间和心理空间。物理空间包括车子、房子等。就拿房子来说，它也是有空间的，这个空间跟别人的空间是有界限的，这个界限就是房子的边界，而这个边界就是物理边界。我们的心灵和房子一样，也有一道边界，这道边界把我们和别人隔开，以使我们拥有保持自己个性的心理空间。相对于清晰的物理边界，作为独立个体的人更需要清晰的心理边界。

心理边界明确指出，什么是我的、我应该对什么负责，也标明什么不是我的、我不需要对什么负责。因为有了清晰的心理边界，我们和他人的心理财产也有了一个明确的界定。属于我们的、需要我们保护的心理财产包括情绪、态度、行为、信念、选择、价值观、才能、思想、欲望和爱等。

有了清晰的心理边界，就能够明确责任的划分。在一件事情中，如果是我们自己的责任，我们就要承担责任，为孩子树立一个负责任的好榜样；如果是孩子的责任，我们就要让孩子体验自己的行为带来的后果，不管是好的还是坏的，都要让孩子学会为自己的行为结果负责。

心理边界这个概念，其实也是在提醒父母要尊重孩子的内心情感，尊重孩子的决定，不要对孩子的一切大包大揽，在不违反客观情况的前提下，应充分发挥孩子的主观能动性，让他们自己做主。

当然，有时候父母会觉得孩子还小，于是在做决定的时候，总是不同意孩子的想法或者虽嘴上说着遵从孩子的意愿，但不经意间又会冲破孩子的心理边界，用自己的权威约束孩子。比如，妈妈带孩子买衣服，本来妈妈是让孩子选一件他自己喜欢的衣服的，可孩子刚选了一件衣服，妈妈立刻说："这件不好看，颜色太艳，不适合你。"孩子又选了一件衣服，妈妈还是不喜欢，说："这衣服料子太差了，不值这么多钱，你还是再看看吧。"

在这个过程中，虽然妈妈也想让孩子自己做决定，可是在行为上，妈妈还是不经意间就跨越到孩子的心理边界上了。此时，孩子的思想、态度和选择等心理财产，其实并没有得到妈妈的尊重和保护。长此以往，我们不仅无法培养孩子的责任意识和责任感，甚至会使孩子根本不知道责任的内涵。

　　因此，父母想让孩子具有责任意识，自己的事情自己负责，就需要和孩子划清心理边界，让孩子明白 —— 什么是我的、我应该对什么负责，什么不是我的、我不需要对什么负责。只有当父母和孩子都能明确自己的责任的时候，父母才能真正帮助孩子培养独立自主的性格意识，而孩子才能真正独立起来。

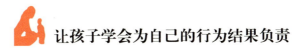 **让孩子学会为自己的行为结果负责**

孩子的行为会产生正面的、好的结果，也会产生负面的、不好的结果。如果孩子的行为带来的是正面的、好的结果，那当然很好，比如，字写得好被老师表扬、上课认真听讲、考试考得好等。这些好的行为产生的好的结果，孩子是乐意体验的，而父母也愿意让孩子直面这些行为结果。

但是很多时候，孩子的行为往往会产生负面的、不好的结果，比如，作业潦草被老师批评、考试没考好等。其实，无论是好的经历、结果，还是坏的经历、结果，孩子都需要去体验，都需要为这段经历负责，毕竟这些都是一个人真正走向成熟必须经历的过程。

父母都希望把最好的给孩子，不希望孩子受半点委屈，因此，要让孩子为自己不好的行为产生的结果负责，很多父母就会于心不忍。毕竟，父母都是过来人，世间的困苦和磨难都经历过，而那种经历是让人不舒服的。父母怎么忍心自己的孩子也去体验那种感受呢？

正是因为父母心疼孩子，所以总想替孩子经历一切、替孩子承担一切。如果真的是为孩子好，为孩子的未来考虑，父母就应该让孩子在困苦和磨难中历练，而这个过程也正是孩子学习和成长的过程。如果父母什么都替孩子承担了，孩子就很难从中学习和成长，那么孩子又怎么能自立自强呢？

父母要尝试让孩子适度承受某些不好的结果，学会面对和处理悲伤的情绪，让他们为自己的行为结果负责，只有这样，他们才能在一次次的经历中成长、蜕变。

例如，有个孩子跟妈妈说："妈妈，我想把我喜欢的悠悠球带到学校。"孩子提出这个要求的时候，妈妈心里是不愿意的，因为她担心孩子在学校把悠悠球弄丢了或者弄坏了。这样的话，孩子回来肯定会不高兴。但是经过一番思考，妈妈还是放下了自己的担忧，选择尊重孩子的要求。于是，孩子就把悠悠球带到了学校，结果没几天，孩子就把悠悠球弄丢了。于是，他特别伤心难过。而这个"伤心难过"就是孩子对"把悠悠球带到学校"这件事造成的后果所负的责任。

通过这件事，孩子肯定能从中吸取教训，同时他自己也会明白，悠悠球是自己主动要求带到学校的，自己要为自己的行为负责，同时他也会懂得，以后在思考问题或者做事的时候要谨慎一点。

从这个例子中我们可以得出，父母可以从日常生活中逐渐培养孩子独立思考的意识和能力，在保证安全和不触犯法律法规的前提下，放手让孩子去做他们想做的事情，不要对他们过度干预。从某种程度上说，人只有犯错才会成长。

如果在孩子要求带悠悠球去学校的时候，妈妈明确说不可以，那就不会产生丢失悠悠球的后果，孩子也就不会有沮丧和失望的体验了。当然，孩子也就丧失了为自己的行为负责的机会，以及成长自立的机会。沮丧、失望、伤心等情绪是每个人都会体验的，也正是因为有了这样的经历和体验，孩子才能从中获得学习和成长，才能学会为自己的行为结果负责。

在日常生活中，很多事情都可能会带来不好的结果，但是因为这个结果不严重，不会对孩子造成重大影响，所以也不需要父母过度干预。比如，忘带作业本导致作业没交、上课说话导致被老师批评等小事，父母就不需过度干预，可以让孩子多体验几次，以便他们发自内心地改正自己的错误行为。

但也有一些事情引起的后果比较严重，甚至可能危及生命，这就需要父母干预了。比如，孩子要去马路对面的商店买东西，但是在过马路的时候遇到了红灯，而他特别着急，想闯红灯过去。因为闯红灯可能带来的结果是被车撞，这是非常危险的，必须阻止。所以，这个经历是父母决不能让孩子体验的，父母必须干预。

还有一点父母必须注意，当孩子直面自己的行为结果时，父母不要故意添加没有因果关系的行为结果。比如，无论孩子犯什么错，我们都冲孩子发一顿脾气，这就是没有因果关系的行为结果。这种方式容易让孩子觉得他是在接受父母的惩罚，而不是从自己的行为中吸取经验。

只有真正敢于面对一切的人，才能真正学会为自己负责，才能真正走向独立，成为强者。父母让孩子体验自己的行为带来的负面的、不好的结果，可以让孩子从中吸取经验教训，更容易让孩子明白是自己的行为产生了这种结果，也更容易让孩子为自己的行为结果负责，从而逐渐培养责任意识。

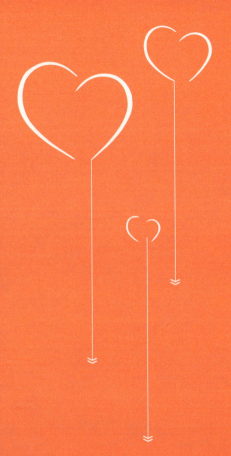

性 格 力 量 四

专 注

　　内倾型人的大脑皮层兴奋水平
较高，要保持专注，需要一个安静
的外部环境，如果增加外部刺激，
容易打断他的专注过程；而外倾型
人则恰恰相反，他们想要保持专
注，则需要增加一些外部刺激，让
大脑皮层保持适当的兴奋水平。

四角呼吸法和松紧力训练法

　　所谓专注力，简单来说就是专心、注意的能力。专注力作为接收信息的一种能力，不仅对小学生来说，对各个年龄段的孩子来说，都是学习的基础能力。它不仅直接影响孩子在课堂上的听课效率，还影响他们学习的各个方面。而且，如果孩子的专注力很强，那么孩子的记忆力、想象力和思维能力等高级的学习能力也会得到更好的发展。

　　然而在生活中，我们经常会遇到孩子注意力不集中的问题，特别是低年级的学生，很容易出现好动坐不住、发呆走神、心不在焉，或者对外界的刺激比较敏感等问题。而这些因注意力不集中而引起的问题，又会导致孩子的学习效率大大下降，从而影响学习效果和学习成绩的提高。

针对这些现象和问题，如果我们不去探究具体的原因，而是简单地归结为"孩子上课不认真听讲""学习态度不端正"等表面原因，肯定是不行的，也无助于提升孩子的听课效率。每个孩子都有向上的愿望，都希望自己成为优秀的、被喜欢的人，而孩子的这种愿望正是他们成长的动力。所以，我们需要了解孩子注意力不集中的真正原因，对症下药，帮助孩子提升注意力。

下面我们来看看孩子注意力不集中的两种情况：

第一种情况是，孩子上课坐了 40 分钟，一下课就开始跑闹疯玩，而这些活动对孩子大脑的刺激水平比较高，使他们在很长一段时间都处在比较兴奋的状态中。当上课铃响的时候，有些孩子可能还沉浸在兴奋的状态中。因此，他们就很容易错过老师对之前课程的复习或对本节课内容的导入。

一节课上，如果孩子一开始没跟上老师的节奏，没有听懂老师对本节课内容的导入，那么他很可能会一整节课都处于稀里糊涂的状态中。那么，要想让孩子一上课就从玩耍的状态进入学习的状态，肯定需要一个过程。这个过程简单来说就是，降低孩子的兴奋度，让他们逐渐回归平静。

第二种情况是，一节课 40 分钟，老师需要认真讲课，而孩子们也需要安静地坐在教室的椅子上，身体不能乱动，注意力不能开小差，认真地听老师讲课。要坚持 40 分钟不动不说话，这对 10 岁以下的孩子来说是有难度的。毕竟，听课时间越长，孩子越容易走神，越容易心不在焉。那么这个时候，我们就需要为孩子增加一些刺激性的东西，以此调整他们的状态，让他们保持适度的兴奋状态，从而专心听课。

专注是一种状态，和刺激的程度有关，刺激过高或过低，孩子都很难保持最佳的注意力水平，容易分心。最佳的注意力水平也称为注意力专区，而注意力专区是心理学家帕拉迪诺博士耗时 30 年的研究成果。

帕拉迪诺博士发现，缺乏刺激时，人们会感到无聊、被动、犹豫不决，而过度刺激时，又会感到紧张、压力、兴奋过度。只有当刺激恰到好处时，人们的肌肉才是放松的，人们的意识才能保持灵敏和警觉，而这时人们的注意力才能处于最佳状态。这个恰到好处的刺激状态就叫注意力专区。

那怎样才能让孩子在听课时把自己的注意力保持在注意力专区呢？根据上面说的孩子在不同情况下出现的两种注意力不集中的情况，我们总结出相应的两种日常训练法，父母可以根据自己孩子的表现，有针对性地对孩子进行训练，帮助孩子提升注意力。

针对第一种情况，即上课铃响后，孩子仍沉浸在兴奋的状态中无法正常学习的情况，我们提供的训练法是——四角呼吸法。具体做法是：我们可以在家里的墙上挂一个小黑板，以此作为道具训练孩子。当孩子非常兴奋而我们又需要孩子安静下来的时候，我们可以先让孩子看着黑板的左上角，深深吸气，并在心里默念数字——1、2、3、4，每念一个数字用时大约 1 秒钟；然后将目光向右平移，转到右上角，屏住呼吸，继续默念数字——1、2、3、4；接下来，按照顺时针方向，将目光转到右下角，缓缓呼气，并默念数字——1、2、3、4；最后，将目光朝向老师，默默对自己说："放松、放松……微笑。"通过这样有意识的练习，我们可以帮助孩子在 10 秒钟左右的时间迅速调整状态，回到注意力专区。

　　在家里，父母训练孩子的时候，不一定必须使用黑板做道具，只要是长方形的物体就可以。通过一段时间的训练，孩子就能在每次上课前，都事先调整呼吸，并让自己的注意力快速回到注意力专区。

　　针对第二种情况，即孩子在上课时间比较长，注意力开始下降，需要适当提升刺激水平才能回到注意力专区的情况，我们的训练方法是——松紧力训练法。具体做法是：在日常陪读的时候，当我们发现孩子注意力不集中，我们可以让孩子全身放松，但后背不要靠在椅背上，大腿和小腿弯曲成90°，然后，让孩子把注意力放在双脚与地面的接触上。如果孩子能做到这一步，他基本上已经回到注意力专区了。

　　如果想让孩子一直保持专注的状态，就需要用接下来的方法：让他们的脚后跟稍稍用力踩地面，但不要让前脚掌抬起来，前脚掌可以用2～3分力，后脚跟用7～8分力。双脚要微微用力，不可用力过猛，让孩子自己感觉用双脚发力蹬地的刺激程度，恰好能够让自己专注听课即可。

　　对于孩子需要用力多久，父母没有必要做统一的规定，可以根据孩子自己的感觉来调整。一般而言，刚开始发力的时候，可以力度稍大一些，也就是稍微"紧"一点，之后再调整到合适的程度，等自己能够持续地专心听讲了，就可以慢慢"松"下来。这种松紧力训练法可以对孩子的精神和意识进行刺激，让他们回到注意力专区。

上面我们提到的这两种方法，父母都可以先尝试一下，当自己找到感觉且做事的专注力提升的时候，我们就可以教导孩子了。相信通过上面的两种方法，孩子的专注力肯定能得到明显的提升。

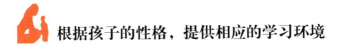 **根据孩子的性格，提供相应的学习环境**

前面我们讲了通过两种方法，即四角呼吸法和松紧力训练法，来帮助孩子提高专注力。那么接下来，我们主要讲的是为孩子创造一个怎样的环境，能够提升孩子的专注力，让孩子专注学习。

说到这里，有的父母可能会想，这还不简单，我给孩子单独准备一个整洁安静的房间供他学习就可以了。真的是这样吗？孩子在这样的环境里就能专注、高效地学习了吗？答案是不一定。

毕竟，孩子和孩子是不一样的。有的孩子喜欢在安静的环境下学习，觉得这样更能集中注意力；有的孩子则喜欢在吵闹的环境下学习，如果让他一个人安安静静地坐在那里学习，他反而觉得很闷，很无聊。针对后一种情况，父母们可能就有疑惑了，学习不都应该在安静的环境中吗？嘈杂的环境怎能让孩子专注学习呢？然而，一切并非如我们想的那样。

著名心理学家荣格指出，人的性格有内倾和外倾两种类型。心理学家艾森克和雷维尔通过实验证实，要达到专注的状态，内倾型人和外倾型人对环境的需求是不同的：内倾型人的大脑皮层兴奋水平较高，要保持专注，需要一个安静的外部环境，如果增加外部刺激，容易打断他们的专注过程；而外倾型人则恰恰相反，他们想要保持专注，则需要增加一些外部刺激，让大脑皮层保持适当的兴奋水平。这就是有些孩子在学习时喜欢放点轻音乐的原因了。

父母只需根据孩子的性格以及平时的表现，就能正确辨析出自己的孩子是哪一类型的人，然后据此为孩子提供相应的学习环境。

一般来说，内倾型的孩子喜欢安静，好沉思，善内省，喜欢探索内心世界，喜欢和少数亲密的朋友深度交流，喜欢自己想清楚再表达。在陌生的环境中，他们会显得慢热一些；而外倾型的孩子，比较活跃，爱社交，喜欢探索外在世界，对周围的事物充满兴趣，喜欢边说边想。在陌生环境里，他们会显得主动，甚至热烈。

需要注意的是，在日常生活中，内倾型的人有时候也会表现出外倾的一面，外倾型的人有时候也会有内倾的一面。在没有压力的情况下，我们通常会表现出和自己的性格相同的气质类型。

在为孩子提供学习环境时，除了观察和分析，父母也可以直接询问孩子："你在哪种环境里学习专注力会更强点，是安静的还是有点音乐的？"一般来说，孩子的选择和他日常表现出的气质类型是基本一致的。父母也可以通过将孩子的意愿和孩子的性格类型两个方面结合起来分析，就能大致知道孩子需要什么样的学习环境、在什么样的环境中学习效率更高。

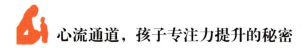 **心流通道，孩子专注力提升的秘密**

　　说到心流通道，我们先来说一个概念——"心流"。美国积极心理学家契克森米哈研究发现，当人们注意力完全集中、全神贯注做一件事的时候，会达到一种浑然忘我的状态，甚至感觉不到时间的流逝，这种高度专注的状态就叫心流。人在心流状态下，无论学习还是工作都会特别高效。

　　此时，很多父母可能就会感叹："我的孩子在学习的时候要是能达到这种心流状态，那该多好啊！"其实，要让孩子维持一种心流状态的关键，是让孩子进入心流通道。

　　什么是心流通道呢？就以我们经常玩的电子游戏为例，在刚开始玩的时候，我们的能力低，对手也没那么厉害，只要稍微费点劲还是能打败对手的，然后还能尝到一点甜头——升级。升级之后，我们的能力变强了，但对手的水平也高了，不过再稍微费点劲，还是能打败对手，进而升级或者过关。因此，在打游戏的整个过程中，我们都非常专注，处于心流状态中。这种持续的心流状态被心理学家称为心流通道。

电子游戏能让我们进入心流通道的原因在于，随着我们能力水平的不断提升，实现目标的难度也会逐步加大，但是我们能通过各种努力不断地战胜困难，达到目标，保持着"挑战与能力并存"的状态。这也正是电子游戏让人着迷的重要原因之一。

对孩子来说，如何才能让他们在学习的时候进入心流通道呢？其实，只要我们根据孩子的能力水平，设置难度适当的学习任务，让孩子能不断地克服困难并逐渐完成学习任务就可以了。

那父母到底该如何为孩子设置难度适宜的学习任务呢？父母在为孩子设置学习任务的时候，要挑选具有一定挑战性的，孩子经过一段时间的思考能够顺利完成的任务。比如一道题，如果孩子思考一两分钟后能够有些思路，再经过一定的推导和验证，10 分钟之内能解答出来，那这个题对孩子来说，就是一道难度适宜的题。此时孩子在做这道题的时候，就能顺利地进入心流通道，那么他学习的专注力也会逐渐增强。

要注意的是，若想让孩子在学习时更好地进入心流通道，还需要考虑孩子完成任务所需的时间。按照身心发展规律，小学低年级学生注意力高度集中的时间一般只能持续 15～20 分钟。所以父母在训练孩子进入心流通道，提升学习专注力的时候，制订的学习任务必须是 20 分钟内能完成的。

父母在帮孩子制订学习任务的时候，一定要考虑难度是否适宜、时间长短等问题，当然最重要的是和孩子达成一致。只有父母的想法和孩子的想法相契合，孩子才能认真学习，才能在学习的时候更容易进入心流通道，从而高效而专注地完成学习任务。

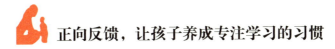 **正向反馈，让孩子养成专注学习的习惯**

　　每当孩子非常专注地完成一件事情的时候，我们都可以用正向反馈的方式让孩子获得积极的感受，从而让他们在下次完成学习任务时，能以更强烈的专注力进入学习状态。如果我们能持续不断地进行正向反馈，就更容易让孩子养成专注学习的好习惯。

　　我们曾做过一个调查，调查的内容是 —— 如果孩子专注高效地完成了学习任务，父母会如何回应孩子呢？结果是，有的父母会经常称赞孩子，比如，"好孩子，今天表现不错啊！"有的父母会给予孩子一些物质上的奖励。虽然这两种做法在短期内都能激发孩子更加专注地学习，但是心理学家研究发现，父母经常用这样的方式进行表扬，并不能真正帮助孩子养成专注学习的好习惯。相反时间一长，他们还会丧失学习的兴趣。因为，在太多的所谓奖励或表扬下，孩子不再是对学习本身感兴趣，而是对学习所带来的结果感兴趣。

根据心理学家德西和瑞安提出的自我决定理论可知，在父母不断提供的所谓奖励或表扬下，孩子动机的满足不在活动之内而在活动之外。对于外部动机强的孩子来说，一旦他们获得了自己想要的奖励，其学习动机就会下降。那么，他们专注的内在动机也就会被削弱。这对于把专注内化为孩子的人格特质，形成专注的习惯来说，没有太多帮助。而且，一旦父母不再通过各种方式奖励或表扬孩子了，他们就不像以前那么专注了。

其实，当我们想要称赞孩子的时候，我们只要用真诚的言语或肢体动作表达出来就行，只要是具体的、发自内心的，孩子都是可以感受到的。比如，当孩子认真完成作业了，父母可以这么说："我看到你写作业的时候非常认真、专注，20分钟就写完了两道题，而且全写对了，这可不容易，你是怎么办到的？"父母这样称赞孩子的效果比只是简单地说"好孩子，今天表现不错"会更好。

那么我们来分析一下，父母发自内心真诚的称赞到底对孩子有什么好处。

"我看到你写作业的时候非常认真、专注"这句话是对孩子具体的专注行为的客观描述，这样的表达方式能让孩子感受到父母对他的关注和欣赏，而不是评价和判断。"这可不容易"这句话其实是承认了孩子做的这件事是有难度的，是对孩子努力过程的肯定。最后这句"你是怎么办到的？"可以启发孩子思考：只要认真、专注地做一件事，就一定可以做好。

习惯是可以养成的，专注的学习习惯也是可以养成的。但这需要父母在日常的生活中经常用鼓励性的话语与孩子沟通，引导孩子认识专注力，提升专注力。

当然，并不是每次孩子完成了某件事，我们都要跟孩子说相同的鼓励的话语。我们要根据孩子的实际情况，灵活表达，毕竟频繁地对孩子说相同的几句话，孩子也会产生免疫。

即使在我们的不断鼓励下，孩子做事或者学习还是难免会分心，这时候，父母可能会生气或者忍不住批评孩子。此时父母必须明白，带着情绪批评孩子是没有任何用处的，而且还会破坏亲子关系。

那么，当我们的鼓励已经不能起到作用的时候，我们可以这样给予孩子正向反馈："宝贝，我看到你 10 分钟的时间喝了一杯酸奶，吃了一个苹果，翻了两次书包找尺子、橡皮，你能告诉妈妈，是什么原因让你没法专注学习吗？"通过这样的询问，父母能了解到孩子无法专注学习的原因，从而也能和孩子一起讨论解决的方法。

在和孩子讨论解决方法的时候，我们可以采用提问的方式，比如："你觉得有什么好办法能让你更专注地学习呢？"这样的提问可以启发孩子自己思考，如何提升自己的专注力。有些时候，孩子说的方法可能不靠谱，但无论如何，我们都要尊重孩子，和孩子一起讨论，而不是说"不行，这肯定行不通"。当我们以真诚的、尊重的姿态与孩子讨论解决方法时，我们就可以对孩子不专注的行为进行有效调整了。

总而言之，对于孩子专注的行为表现，父母可以采用正向反馈的方式，发自内心地表达对孩子的欣赏，肯定孩子努力的过程，启发孩子自己思考，从而让孩子获得积极的感受，更好地进入专注学习的状态中。如果父母坚持用正向反馈的方法与孩子沟通，就更容易让孩子养成专注学习的好习惯，进而培养出专注的性格力量。

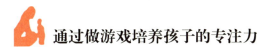 **通过做游戏培养孩子的专注力**

在调查中，很多父母都反馈过幼小衔接阶段孩子注意力不集中的问题，比如，听课不专心、爱做小动作、坐不住、不耐烦等。其实，在这个阶段，孩子会出现这些问题也是正常的。正常归正常，但我们仍需采取一些有效的方法来减少这些注意力不集中问题的出现。毕竟幼小衔接阶段正是培养孩子专注力的重要阶段，如果孩子能养成专注做事的好习惯，对他们未来的学习和生活将大有裨益。

在分享具体方法前，我们先来看看不同年龄段的孩子注意力能够持续的时间长短。研究表明，4 岁孩子专注于一件事的时间大概在 10 分钟；5 ～ 6 岁孩子可达到 10 ～ 15 分钟；7 ～ 8 岁孩子可达到 15 ～ 20 分钟。

当我们了解了不同年龄段的孩子注意力持续的时间长短后，就可以避免产生一些不必要的担心和焦虑。比如，4 岁的孩子专心画画的时间能达到 20 分钟，在不了解不同年龄段孩子注意力持续时间的情况下，父母会觉得孩子只画了 20 分钟就不愿意画了，是因为专注力差的原因。但当父母了解了不同年龄段孩子注意力持续时间长短的情况后，父母就没有必要担心了，毕竟孩子在这个年龄段的专注力期限就是这么长时间，过高的要求显然会超出孩子的能力范围。

我们了解不同年龄段的孩子专注于一件事的时间的长短后，就可以根据孩子专注力发展的规律，有针对性地培养孩子的专注力。那么接下来我们就来看看，如何培养幼小衔接阶段孩子的专注力。

首先，父母应该注意，当孩子专注于做某件事时，不要轻易打断孩子，以免打扰孩子的专注过程。比如，孩子本来正在专心地玩玩具，父母忽然兴致勃勃地跑过来说"喝果汁吧""吃香蕉吧"。再比如，孩子正在做作业、画画的时候，我们在旁边说"啊呀，你这里做错了""你可以这样画"。这些都是打扰孩子专注做事的例子。当孩子正在专心地做某件事的时候，我们的评价和引导会打断孩子的思路，不利于培养孩子的专注力。如果我们真的想陪着孩子学习，无论发生什么，都要先保持安静，不要说话，等孩子完成后再和孩子交流。

接下来，我们着重介绍两个培养孩子专注力的游戏。要知道，孩子的专注力是可以在做游戏、运动等孩子感兴趣的事情中培养起来的。心理学研究也表明，孩子在游戏活动中，注意力的集中程度和稳定性更强。像拼图、找不同、走迷宫等游戏，对于培养孩子的专注力会有很大的帮助。当然，父母也可以和孩子一起做亲子游戏，在游戏中培养孩子的专注力。

我们先来说说第一个游戏——找回不见的玩具。这个游戏比较简单，具体做法是：父母让孩子拿出自己的玩具摆在桌上，让孩子说出玩具的名称，记住玩具的数量和种类，接着趁孩子不注意的时候，父母拿走其中的一样或几样玩具，然后父母问孩子："什么东西不见了？"此时孩子会集中注意力去回忆、查看、寻找。在做游戏的过程中，孩子需要全神贯注地投入其中，才能玩好这个游戏。这个游戏对于提升孩子心理的紧张度，达到注意力高度集中的状态是很有帮助的。

另一个游戏是——乒乓球抗干扰大赛。具体玩法是：让孩子把乒乓球放在球拍上，孩子必须端着球拍绕着桌子行走，要求乒乓球不能掉下来。父母可以在孩子旁边进行干扰，一会拍手跺脚，一会大喊大叫，还一边说："掉了！掉了！"但不能碰到孩子的身体。

我们知道，一个人要保持注意力高度集中，本来就不容易，如果旁边再有人进行干扰，注意力就更难集中了。然而，从锻炼专注力的角度来说，正因为有干扰，有难度，我们才能逐渐培养自己的专注力。

当然，培养孩子专注力的方法还有很多，只要父母能根据孩子专注力发展的规律采取适当的方法，有计划、有目的地训练和培养孩子的专注力，努力去做，孩子的专注力一定会有所提升。

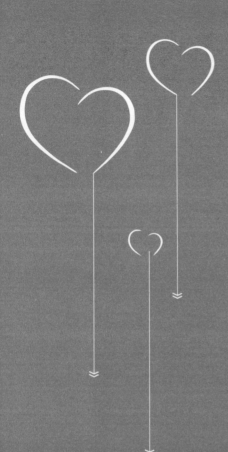

性 格 力 量 五

坚 毅

　　心理学家通过对个人素质项目的长期研究发现，坚毅性格力量的提升可以使人终身受益。如果孩子在学生时代提升了其坚毅的性格力量，这种坚毅的性格力量会陪伴孩子一生，对孩子未来的工作、生活都会产生积极的影响。

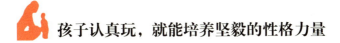# 孩子认真玩，就能培养坚毅的性格力量

　　说到坚毅，我们就会想到坚持、有毅力、做事不轻易放弃等，但这些只是坚毅品质中很重要的一部分，并不能完全代表坚毅。根据美国心理学家达克沃斯教授的研究，坚毅是指能够向着长期的目标坚持不懈地努力，保持热情，即使失败也不放弃。也就是说，坚毅其实包含两个要素：热情和毅力。这两个要素缺一不可。

　　根据我们说的坚毅的两个要素——热情和毅力，我们可以发现，培养孩子坚毅的性格力量，可以通过一个个的活动来进行。也就是说，父母或者老师可以通过进行某种活动，培养孩子对此项活动的热情和毅力，进而培养孩子坚毅的性格力量。

在选择活动的时候，我们应该注意两点：一是活动是孩子感兴趣的。因为只有孩子对活动感兴趣，才更容易激发热情，进而培养坚毅的性格力量。二是活动具有挑战性。我们可以鼓励孩子练习弹吉他、画画、打篮球、轮滑等，这些活动在某种程度上是可以锻炼孩子坚毅的性格力量的。

但是像看电影、吃好吃的和打游戏这些孩子们可能更感兴趣的活动就跟技能培养无关，而且也没有挑战性，也不需要练习，所以这些活动也就无法锻炼孩子坚毅的性格力量。因此不推荐父母鼓励孩子进行这些活动，顺其自然就行。

父母选择孩子感兴趣的且有一定挑战性的活动，更容易激发孩子参与进去的热情。在父母的引导下，孩子能够有目的地、坚持不断地练习，从而提升技能，锻炼毅力。当孩子在活动中完成了目标任务，获得了成就感，这种成就感也会进一步激发孩子对活动的兴趣，孩子也更容易保持这份热情，继续坚持有目的的练习，最终形成良性循环。通过这样的训练，孩子坚毅的性格力量就会得到有效提升。

那这样有目的的练习要坚持多久，才会有明显的效果呢？根据达克沃斯教授的研究，如果孩子对活动感兴趣，并且坚持练习一年以上，其坚毅的性格力量就可以得到明显提升。

达克沃斯教授还发现，如果孩子通过一项活动，提升了坚毅的性格力量，那这种坚毅的性格力量也可以迁移到其他方面。与此同时，孩子在学习、生活中会更有毅力。他们的学习成绩、自立能力也会得到提升。

除此之外，心理学家通过对个人素质项目的长期研究发现，坚毅性格力量的提升可以使人终身受益。如果孩子在学生时代提升了其坚毅的性格力量，这种坚毅的性格力量会陪伴孩子一生，对孩子未来的工作、生活都会产生积极的影响。工作中，孩子会更有责任心，能够努力坚持，从而取得更大的成就；生活中，他们也更容易为长远的目标而努力坚持，直至获得成功，并最终过上幸福美满的生活。

所以说，要培养孩子坚毅的性格力量，首先要培养孩子的热情和毅力，选择孩子感兴趣、有练习热情且具有一定挑战性的活动，引导孩子进行有目的的练习，在孩子坚持练习的过程中，逐渐培养其坚毅的性格力量。

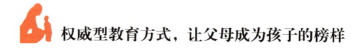 **权威型教育方式，让父母成为孩子的榜样**

我们前面已经说过，要培养孩子坚毅的性格力量，最好的方法是让孩子选择一个自己感兴趣的活动，让孩子带着热情和坚持有目的地练习，由此提升坚毅的性格力量。可是，当孩子选择了自己感兴趣的活动后，他们就能坚持练习吗？这才是父母最头疼的问题。

相信很多父母都遇到过这样的情况：孩子自己选了一个兴趣班，可没几个月就不想学了。当初可是孩子自己选的这个兴趣班呀，如今没学几天就想放弃。此时，做父母的肯定很生气，甚至会严厉批评孩子："当时是你自己要学的，现在新鲜劲过了就不练了，这哪行啊？练，必须练！"

在父母的高压之下，孩子没办法，只能接着练。因为是被逼迫的，孩子也缺少热情，于是孩子就用各种方法拖延练习时间，1个小时的练习时间，真正有效率的练习也就20分钟。面对这种情况，父母肯定会很无奈。那么，父母到底该怎么办呢？在解决这个问题之前，我们必须先介绍一下权威型教育，因为它是解决这个问题的关键。

权威型教育，是指当代心理学家提出的一种教育方式。根据父母对孩子的支持和要求的程度，美国心理学家戴安娜·鲍姆林德划分出四种教育方式：第一种是放任型教育，即对孩子有支持但缺少要求，倾向于对孩子有爱但疏于管理；第二种是专制型教育，即对孩子有要求但缺少支持；第三种是忽视型教育，即对孩子既不要求也不支持，这种方式会对孩子的成长造成非常消极的影响；第四种是权威型教育，即父母对孩子的要求比较高，支持也比较高。

在权威型教育下，父母会对孩子提出合理的要求，并认真向孩子解释这么做的原因。而且，父母能准确判断孩子的心理需求，给予孩子关爱、自由和必要的限制，以发展孩子的全部潜力。权威型教育中，父母的权威来自他们所拥有的知识和智慧，而不是来自"我是你爸或者我是你妈，所以你得听我的"式的身份权力的制约。

生活中，比较常见的是几种教育方式的混合，当孩子表现好的时候，我们可能偏向于放任型教育，即给孩子支持，但缺少要求；当孩子的表现不尽人意的时候，我们可能会采用专制型教育，即给孩子要求，但缺少支持；当我们有时间和精力陪孩子的时候，可能会采用权威型教育，即对孩子既有支持又有要求；当我们忙于工作和其他事情的时候，就会顾不上对孩子的支持和要求，这时就会出现忽视型教育。

心理学家过去 40 多年的研究发现，支持与要求兼顾的权威型教育方式，比其他类型的教育方式对孩子更有益处，采用这种教育方式培养的孩子会更独立，成绩更好，更少感到焦虑和抑郁。所以，我们可以运用权威型教育方式，培养孩子坚毅的性格力量。

我们说父母应该运用权威型教育方式教育孩子，但权威型教育方式听起来又是那么抽象，落实到日常教育中，父母到底该怎么做呢？简单来说，就是父母应该利用自己客观上存在的权威性身份，成为孩子培养坚毅性格力量的榜样。

首先，我们可以和孩子一起做个约定，各自选择一个任务，每天有目的地练习，坚持一年，无论遇到什么情况，谁都不能退出。父母和孩子各自选择的任务，必须对自己来说是重要的、感兴趣的、有一定挑战性的、需要长期坚持练习才能进步的事情。比如，孩子可以选择每天弹古筝 1 小时，父母选择每天跑步 30 分钟。

父母给孩子做榜样，就会在不知不觉中影响着孩子。在培养坚毅性格的活动练习中，如果父母双方都参与进来，效果会更好。我们可以想象一下，孩子每天都能看到父母也在进行有挑战性的、有目的的练习，看到父母每天都在坚持，并因此有所进步和收获，孩子就会受到激励。所谓身教胜于言传，孩子肯定也会自发地向父母学习，并坚持做某事，即便遇到挑战也会选择坚持。

父母给孩子做榜样并不是在孩子面前作秀。如果我们作秀，孩子是很容易觉察到的，而且这非常不利于父母做榜样的正面效果。父母必须是真的长期坚持做自己选择的事情。从长远来看，不管是对孩子还是对我们自己，这样做都是非常有益的。

但是，每个人都有懈怠的时候，父母有时候也会坚持不下来。如果某一天父母也没有坚持练习，那该怎么办呢？这个时候，父母可以在中断练习后的一周之内，根据情况适当给自己增加一些练习的难度，或者增加一些练习的时间，作为惩罚。如果我们自己没有为不遵守约定付出代价，我们潜意识中就会觉得，不遵守约定也没什么，然后更容易不遵守约定。一旦我们有所懈怠，我们的负面做法也会间接地影响孩子，孩子肯定会有样学样了。

所以，如果我们不小心中断了练习，一定要用某种方式作为惩罚，可以是增加练习难度，也可以是增加练习时间。只有这样，我们才能给孩子树立一个好的榜样，孩子自然会向我们学习。如果孩子没有看到，那等他发生类似情况的时候，我们也可以给孩子分享自己的经验，引导他更好地坚持自己的活动，这同样也是给孩子做榜样。

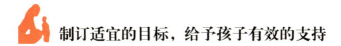 **制订适宜的目标，给予孩子有效的支持**

　　在约定好做某件事情的时候，孩子肯定会遇到各种各样的挫折，比如，被老师批评、感觉太无聊、尝试多次后仍然失败等，这些情况可能会不断地打击着孩子的自信心，让他们产生放弃的想法。

　　那么，父母在和孩子约定做某事的时候，可以事先和孩子说明："遇到困难是正常的，坚持不下去也是正常的，但是只要我们能按照约定，克服困难，坚持一年，我们的进步和收获一定会让我们觉得，一切的付出都是值得的，毕竟这是我们自己选择的任务，而且这些收获会让我们终身受益。"

　　在进行一项活动的时候，父母提前告知孩子一些道理或可能遇到的困难，让孩子在心理上有所准备，明白练习的过程并不总是快乐的，可能会遇到各种想得到或想不到的困难和挑战。那么当他在练习的过程中真的遇到这些情况的时候，就会有一定的心理准备，也就更容易坚持下去。

在孩子开始练习之前，制订目标也非常重要，目标需要具体化、可量化、可执行、有时限。父母可以帮助孩子对设定的目标进行分解，这样有利于"积小胜为大胜"，最终达到长期目标。

目标制订还需要注意难度适当。如果目标制订得太大，孩子可能会觉得过于困难，从而难以坚持。如果目标制订得太小，孩子可能无法取得进步，从而达不到练习的效果。所以，我们需要引导孩子制订一个难度适宜的目标，既对孩子现在的能力稍微有些挑战，又不会让孩子因为感到太难而焦虑。

如果目标制订合理，孩子在开始练习的初期，一般都能够坚持一段时间，这时候我们要注意定期和孩子进行总结，看看经过这段时间的练习，孩子在哪些方面有进步，哪些方面还有不足，为什么会存在这些不足，以及怎样去改进。通过这样的反馈，可以让孩子的练习动机得到保持，如果孩子在练习了一段时间后，看到了自己技能的提高和进步，那这种技能的提高和进步本身也可以成为孩子练习动机的一部分。

如果孩子在练习的过程中想要放弃，这时候我们就要关注孩子想放弃的原因，是遇到挫折了，是觉得太难了，还是觉得练习时间太长，过程太枯燥，抑或什么别的原因。父母必须及时了解孩子的练习情况，并针对孩子遇到的问题，给予恰当的指导和支持。

一般情况下，在孩子遇到挫折时，我们要先关注孩子的感受，给予孩子必要的安慰，等孩子情绪平复时，再让孩子知道无论遇到什么困难，一切都只是暂时的，都是可以通过努力克服的，而且只要自己付出努力，肯定会获得一定的成绩。

父母也可以分享自己小时候遇到的挫折，或者讲一讲孩子喜欢的名人的励志故事。这样孩子或许会更容易接受自己所遇到的困难和挫折。

所以，要让孩子坚持练习某项活动，父母必须给予孩子有效的支持，其中我们必须注意四点：第一，要让孩子对于练习过程中可能遇到的困难有一定的心理准备；第二，要帮助孩子制订明确、合理的练习目标，目标需要具体化、可量化、可执行、有时限，还需要注意难度适宜；第三，定期和孩子进行总结，让孩子看到自己练习中的进步和不足，让孩子保持必要的练习动机；第四，如果孩子在练习过程中遇到困难想要放弃，这时候我们就要关注孩子想放弃的原因，给予孩子恰当的支持。

成长型思维，让孩子遇到困难不放弃

前面我们已经说过，要培养孩子坚毅的性格力量，就要选择孩子感兴趣且有一定挑战的活动让他们参加，这样才能更容易激发孩子的热情，引导孩子进行有目的的练习，让孩子在坚持练习的过程中逐渐锻炼毅力。

可当孩子坚持练习一段时间后，还是会感到困难，怎么办？这时候，有的孩子可能想要放弃。其实，我们参与任何有挑战性的活动的时候，都会经历这个阶段，如果孩子一遇到这种情况就选择放弃，那就很难培养坚毅的性格力量。

作为父母，怎样才能帮助孩子更好地克服困难呢？斯坦福大学的卡罗尔·德韦克教授有一个重要的研究发现，即成长型思维。它可以帮助我们解决这个问题。

我们把自己思维的关注点放在成长的过程上，关注怎样提升自己的能力，战胜困难，这种思维模式就是成长型思维。拥有成长型思维模式的人，相信智力可以通过后天的努力提升，所以他们做事不轻易放弃，能从过程中享受到乐趣，更容易寻求帮助，复原力也更强，更加坚毅。

与成长型思维相对的是固定型思维，我们可以把二者做一个对比，就更容易理解什么是成长型思维了。当我们把自己的思维关注点放在证明自己的天分与才能上的时候，我们就会自动掩饰缺陷，对错误或缺陷产生防御性的反应，毕竟错误和缺陷会暗示我们缺乏天分与才能，这种思维模式就是固定型思维。

拥有固定型思维模式的人，倾向于认为自己的价值是跟智商绑定的，而智商是固定的、天生的、不能改变的，所以他们不愿意暴露自己的缺点。正因为如此，这种人也会错过一些能让自己学习与成长的机会。

而且，面对同样的困难，具有固定型思维的孩子更容易产生放弃的想法，他们可能会这样看待问题：做不好意着失败，我不想让人觉得我是一个失败者，不然会让我觉得自己一无是处，既然事实证明我不擅长这件事，那还是趁早"收摊儿"比较好。这就是具有固定型思维的孩子可能会有的自我对话。所以说，一个具有固定型思维的孩子，在参与有挑战性的活动时，遇到困难容易选择放弃，这样就很难培养其坚毅的性格力量。

而拥有成长型思维模式的孩子，在遇到挫折的时候会相信困难只是暂时的，自己一定可以做得更好。于是他们就会坚持努力练习，或者尝试运用不同的方法，直至最终取得突破，获得成功。这时，拥有成长型思维的孩子就会觉得，幸好当初没有放弃，现在才能拥有成功的喜悦。

其实，成长型思维是可以通过教育和实践练习培养的。父母正确地称赞孩子，有利于培养孩子的成长型思维。

为了让父母知道如何称赞孩子才有利于培养孩子的成长型思维，德韦克教授专门做了一个实验：他对一些小学生做了一项比较容易的智商测试，然后分别以不同的方式称赞他们。对其中一组小学生，德韦克教授称赞他们的——智商，说："哇哦，这是个很好的分数，你真聪明啊！"而对另一组小学生，德韦克教授则称赞他们的——努力，说："哇哦，这是个很好的分数，你一定很努力吧！"

德韦克教授称赞完两组小学生后，又给他们出了一道题，并说："现在有三个任务，你们可以挑一个来做，一个是非常困难的任务，你们可能会犯错，但是能学到东西；一个是新奇的任务，你们可能从来没有接触过；还有一个是你们很擅长的任务，我相信你们肯定能很好地完成。"结果，绝大多数被称赞聪明的孩子，都选择了最简单的任务，因为他们有把握把这个简单的任务做好，但他们不敢挑战自己身上的"聪明"标签。而被称赞努力的孩子，几乎都选择了看起来比较困难但能学到东西的任务。

称赞孩子的聪明，对孩子有害无益，不利于培养孩子的成长型思维；而称赞孩子做事努力，则有利于培养孩子的成长型思维。这是德韦克教授超过 15 年的研究所得出的结论。

脑科学研究也再次证明：努力和不断挑战困难，的确能让一个人变得越来越聪明。这是因为，智商如同肌肉一样，是可以被发展的。每当我们挑战大脑舒适区的极限，去学习一些新的有难度的东西时，大脑神经元就会发展出新的连接，长此以往，人会变得越来越聪明。其实，我们可以把这句话告诉孩子，让孩子在遇到困难的时候更愿意努力克服困难，以使自己变得更聪明。

 成长型思维可以通过后天培养得来

前面我们已经提到了成长型思维这个概念，还学习了称赞孩子努力的过程有利于培养孩子的成长型思维的内容。那么，这一节我们讲述两个具体的培养孩子成长型思维的策略：第一个是引导孩子进行积极的自我对话；第二个是父母自己成为具有成长型思维的父母。

培养孩子成长型思维的第一个策略：引导孩子进行积极的自我对话。在日常的学习生活中，如果父母能够经常提醒孩子，把固定型思维换成成长型思维，把口中经常说的消极的话换成积极的话，那么就能培养孩子的成长型思维。

在平时，父母可以多引导孩子进行一些这样的练习，引导孩子进行积极的自我对话。比如，孩子说："我不会背英

语单词。"当孩子这么说的时候，其实就是采用了固定型思维模式来思考这个问题，他们没有看到不断地学习所能够带来的改变。这时父母可以引导孩子说："我要训练我的单词记忆能力。"当孩子这么说的时候，他们脑海中的固定型思维就自然换成了成长型思维，其大脑中就会产生这样的意识：我只是缺少对单词记忆的目的性练习而已，坚持练习一段时间，我背单词的能力肯定会大大提升。

类似的转换练习还有：

当孩子说："我放弃了……"

父母可以引导孩子说："看来我还得想个办法……"

当孩子说："这太难了……"

父母可以引导孩子说："我需要多花点时间和力气……"

当孩子说："我不可能和她一样优秀……"

父母可以引导孩子说："我看看她有哪些方面是我可以学习的……"

当孩子说："我不太可能做得更好了……"

父母可以引导孩子说："我还能做得更好，继续努力……"

当孩子说："不好，出错了……"

父母可以引导孩子说："没事，吃一堑，长一智……"

长此以往，当孩子习惯了积极的自我对话后，他大脑中的固定型思维就转换成了成长型思维。这就是成长型思维的第一个策略：引导孩子进行积极的自我对话。

培养孩子成长型思维的第二个策略：父母自己成为具有成长型思维的父母。作为父母，如果我们自己都活在固定型思维里而不是活在成长型思维里，我们当然很难教导出一个具有成长型思维的孩子。

拥有成长型思维的父母，在养育孩子的过程中不会过分焦虑于自己有哪些做得不够好的地方，而是相信自己每一次犯的错误都会增加自己的经验，自己在孩子成长过程中经历的挫折，会让自己变得更加强大，更有毅力。而孩子也能从自己身上学习到这种品质，逐渐养成坚毅的性格力量。

那么，如何才能成为具有成长型思维的父母呢？首先，作为父母，我们可以找一件事，这件事可以是我们一直想做但因为担心自己不擅长或做不好而没有去尝试的。找到之后，制订计划并执行。在这个过程中，我们肯定会遇到困难，每当遇到困难的时候，我们应该反省一下，自己有哪些固定型思维的想法。之后，我们再采用成长型思维来思考这件事，用积极的自我对话来改变固定型思维的想法，勇敢地面对挑战。

当我们自己有了战胜固定型思维的成功经验后，我们就可以更好地帮助孩子，培养孩子的成长型思维。而这也是培养成长型思维的第二个策略——成为具有成长型思维的父母。因而，每当孩子抱怨事情太难、自己能力不够、学不会、想放弃的时候，父母就可以引导孩子进行积极的自我对话。当然，父母也应该以身作则，成为具有成长型思维的父母。

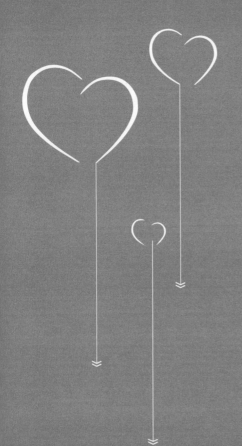

性 格 力 量 六

自 信

　　自信是孩子在不断体验成功的感觉后所拥有的一种人生态度，是逐渐积累的结果。为了让孩子拥有自信心，我们可以做一些事情帮助孩子积累成功的经验，体验取得成功的过程和感觉，并因此逐步提升他们的自信心。

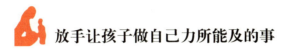 放手让孩子做自己力所能及的事

　　自信是一个人幸福、成功的基础。心理学家库珀史密斯认为，自信表现了一个人对自己能力、身份、成就及价值的信心。自信的人能够自我欣赏和肯定，面对挑战，他们拥有战胜困难的勇气，无论遇到什么情况都会相信"我能行"。

　　然而现实中，很多人都不够自信，包括我们身边的孩子。不自信的孩子往往表现为做事没主见、不敢实践、回避竞争、不敢在他人面前表现自己、过分在意他人的评价、容易自我否定、害怕失败。

　　那么，作为父母我们该如何帮助孩子提升自信心呢？父母要想帮助孩子提升自信心，最重要的一点是给予孩子成长的空间。对孩子来说，他是否自信，很大程度上取决于他

是否能独自面对和处理成长中的问题。如果孩子在生活、学习、社交等方面都有自己解决问题的经验，那他在解决其他问题的时候，也会显得更加自信。比如，当孩子能够自己穿衣、吃饭、搭积木、骑自行车，以及和小朋友友好相处的时候，他就会觉得自己是非常优秀的。而且，当他做别的事情的时候，也会拥有更强的自信心。

如果父母从小就培养孩子的日常技能，并让孩子能够熟练掌握这些技能，那么孩子的自信心就会得到发展。其实，培养孩子的日常技能非常简单。当孩子遇到问题的时候，父母不要急着去干涉，可以让孩子自己想办法解决问题。刚开始的时候，孩子肯定做不好，需要更多的时间尝试，这时父母就需要给予孩子更多成长的空间，放手让孩子去完成一些简单的、力所能及的事情。当然，父母也可以为孩子制造更多的锻炼机会，帮助孩子掌握一些基本的生存技能，从而逐步培养孩子的自信心。

平时，父母可以从锻炼孩子自己吃饭、整理书包等能力开始，给予孩子更多机会去尝试做一些事情，不要事事冲到孩子前面，替孩子解决所有问题。慢慢地，孩子的各种能力就会得到培养和锻炼。父母不要总想着："孩子还小，等他长大了就会做了。"我们要知道，能力是需要慢慢培养的，如果我们现在不试着培养和锻炼孩子的各种能力，未来我们的孩子就可能无法独自完成一些事情。

比如，一个孩子上幼儿园了，可他还不会自己吃饭，每次吃饭都需要老师帮忙，而且每次吃饭都把身上弄得脏兮兮的，那么当他看见别的小朋友能够自己吃饭，而且表现得非常好的时候，孩子的心里肯定会有"我不行"的想法。与不会自己吃饭的孩子感受相反，会自己吃饭的小朋友可能就会骄傲了，因为他自己不需要老师喂饭，内心肯定会觉得"我真行"。可想而知，此时两个孩子的心境是不一样的。

父母在日常的生活中，可以多给予孩子时间和空间去体验并获得"我真行"的感觉，让他们不断培养出自信心。当然，如果孩子觉得某件事太难，他们确实做不到，我们也不能生硬地对孩子说："你自己的事要自己解决！"我们强调给予孩子成长空间，并不是说父母什么都不管了，我们除了静待花开，还要默默耕耘。

如果孩子不会做或者不敢做某件事，我们可以为孩子进行必要的示范，引导孩子一起解决问题。就以拼积木这件事为例，如果我们一开始就让孩子拼 10 层积木，但孩子以前没有玩过积木，那么他很可能拼不到 5 层就倒了，如果连续拼了几次，孩子还是无法拼到 10 层，那么孩子对自己可能就没有那么自信了，因为自己已经失败了很多次。但是，如果父母可以降低难度，只要求孩子拼到 5 层，那么孩子就会很容易做到了。此时孩子对拼积木也就有了自信心。然后，父母可以引导孩子，在孩子自信心增加的基础上，慢慢增加难度。

有时候父母也可以玩点"小花招"，装作自己也拼不好积木，当孩子看到父母也拼不好的时候，他们肯定会窃喜——原来爸爸妈妈也做不好啊。这样一来，孩子可能就愿意尝试了，而我们也可以跟孩子一起玩了，我们拼一层，孩子拼一层，我们和孩子互相观看彼此是怎样拼积木的，这样多玩几次，孩子拼积木的能力就会渐渐得到提升，那么他们的自信心也会慢慢得到提升。

随着孩子不断长大，我们也需要逐步放手，给予孩子更多成长的空间，满足孩子自主解决问题的需求，这是奠定孩子自信心的基础。在给予孩子成长空间的时候，我们应该把握三条原则：

第一，尽量不代替孩子解决任何问题，让孩子独立思考、分析问题，但要保持支持及感兴趣的态度。

第二，不要对孩子解决问题的方式有过分的苛求，我们要多关注他们解决问题的过程而不是结果。

第三，当孩子遇到困难时，我们可以给孩子做示范，引导孩子思考解决问题的策略，而不要直接给予孩子答案。

让孩子看到自己的闪光点

　　很多父母都有望子成龙、望女成凤的心态，因此，在日常的生活和学习中，总是给孩子制订过高的标准，而且总是认为孩子这里没做好、那里没做好，把注意力的焦点都放在孩子没做好的那部分上，而对孩子取得的进步或成绩置若罔闻。甚至有时候，当孩子达到之前的要求时，父母还会进一步抬高标准。

　　比如，孩子好不容易把数学成绩从 80 分提高到 90 分，此时，父母只是轻描淡写地夸一句："这次考得还不错。"然后话锋一转："你离考 100 分还差 10 分呢，先别高兴得太早。"父母这样的说话方式，会让孩子觉得："我永远也得不到爸爸妈妈的肯定。"久而久之，孩子的自我价值感就会越来越低，越来越不自信。所以，要提升孩子的自信心，父母就要把目光放在孩子的优点和独特性上，发现孩子身上的闪光点，并让孩子看到自己的闪光点，认识到自我价值，从而更加自信。

父母可以通过优势强化的方法，让孩子看到自己的闪光点，增强自信心。父母可以专门找一个时间询问孩子一些问题，比如，可以问问孩子："你知道妈妈最欣赏你哪个地方吗？"我们询问孩子的时候，一定要用专注、真诚的眼神看着孩子。当孩子看到妈妈认真的表情的时候，他们就会思考：自己到底有哪些优点呢？

此时，孩子可能会说："是我能够好好写作业吗？"这时妈妈可以说："嗯，你这点很好，我很欣赏，但这还不是我最欣赏你的地方，你再想想。"孩子就会再想："是我愿意跟朋友分享玩具吗？"这时候，为了引导孩子更多地思考自己的优点，妈妈可以继续说："你这点也特别好，我也特别欣赏，但这还不是我最欣赏你的地方。"孩子就会继续想："那是我每天都读书吗？"

当孩子能说出自己的三个优点之后，这时妈妈就可以告诉孩子自己最欣赏的优点是什么。比如，专注、自我负责、乐于助人等。然后，妈妈一定要举出平时观察到的能够体现孩子这些品质的具体事例，这样孩子就会感到："哇！妈妈真的有关注我，原来我有这么多优秀的品质啊！"当一个孩子内心觉得自己具有这些优秀品质的时候，他的行为也会相应地表现得优秀，并向心目中的自己靠拢。

除了对孩子给予肯定外，我们还可以和孩子一起做一些自我评价练习，让孩子思考一些问题，如哪些事情是我擅长的，我能在哪些方面做得很好，我得到过哪些称赞，我战胜过哪些挑战。孩子可以这样想：所有科目里面，我语文学得最好，并且经常得到老师的称赞；在兴趣爱好课里，老师经常夸我动手能力强；在课堂上，我经常举手回答问题，等等。

经过这样的练习，孩子的优点就会不断得到强化，慢慢地，孩子就会变得更加自信了。因而，要提升孩子的自信心，父母可以把目光放在孩子的优点和独特性上，发现孩子身上的闪光点，也让孩子看到自己的闪光点，进而帮助孩子快速建立自信心。

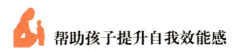 **帮助孩子提升自我效能感**

　　当孩子发现了自己身上的优点，他们就能初步形成自信的自我价值认知，但仅有这种认知还不够，他们还需尝试一些以前没做过或不太愿意做的事情。当他们在这些事情上获得成功的体验后，他们身上的自我效能感就会得到提升，就会获得真实的自信体验。那父母该怎么引导孩子迈出尝试突破的第一步呢？

　　父母可以从三个角度唤起孩子对于达成目标的行动意愿：第一，让孩子对行动本身有好的感觉；第二，让孩子意识到达成目标的好处和重要性；第三，让孩子思考现在不做这件事，以后可能会导致什么后果。

　　如果孩子上课不爱举手发言，我们可以先和孩子说明主动发言的好处，如："这样老师才能更好地知道你对知识的掌握程度，你的发言可能是其他同学没想到的，所以也会启发他们。"当父母这样说的时候，可能就会唤起孩子主动发言的意愿。要让孩子迈出改变的第一步，我们还需要注意，要从简单的事情做起，降低任务的难度。

比如，我们让孩子学做饭，如果一上来就让他学做松鼠鳜鱼，这难度就太大了。而且当经过多次尝试后，孩子还是无法做出松鼠鳜鱼的时候，孩子做饭的信心就会大受打击。其实，我们可以让他先从煎荷包蛋、煮面条、炒西红柿鸡蛋等简单的事情开始。在这之前，孩子还可以多去厨房给父母帮忙，多观察父母做菜的步骤，等孩子对做饭有些信心了，然后再尝试做难一点的菜式。

再如，我们和孩子玩比赛性质的游戏，一开始，我们可以先输给孩子几局，让孩子拥有赢的感觉。这样慢慢地，孩子就会越来越有自信心了。就以下象棋为例，我们可以先让孩子几个棋子，再根据孩子能力的提升情况，少让几个棋子，这样，孩子先从较低的难度开始，体验到成功的感觉，进而慢慢变得自信。当然，我们与孩子玩游戏的时候，不能太不当回事，故意放水，故意去输。如果这样，孩子就会觉得我们不重视他，他也就不会与我们玩了。

　　对于孩子不爱发言的问题，我们也可以通过角色扮演游戏来慢慢提高孩子的自信心，让他们主动发言。父母可以在家里和孩子玩角色扮演游戏，比如让妈妈扮演老师，孩子和爸爸、爷爷、奶奶等家庭成员坐成一排，扮演学生。老师提问，台下同学举手回答。通过角色扮演游戏，妈妈可以先提问一些孩子能够回答的问题，让孩子在游戏中体会到正确回答问题的快乐，从而减少孩子主动发言时的心理压力。时间一长，孩子就能从模拟情境中获得成功的体验和自信心，并将主动发言应用于日常生活和学习中。

　　因此，要引导孩子迈出尝试突破的第一步，我们可以从三个角度唤起孩子的行动意愿：第一，让孩子对行动本身具有好的感觉；第二，让孩子意识到达成目标的好处和重要性；第三，让孩子认识到现在不做这件事，以后可能会导致的后果。

　　我们还需要注意的是，父母应该让孩子从简单的事情开始做起，降低任务的难度，因为这会让孩子比较容易行动起来，进而获得成功的体验。

帮助孩子建立成功体验的良性循环过程

　　自信是成功经验逐渐积累的结果。还记得孩子刚学走路的时候吗？每迈一小步他都是那么犹豫，但随着他一步一步地走下去，他开始尝试奔跑。这就是孩子的成功经验逐渐积累的结果。那么，如何让孩子在不断体验成功的感觉中，进而提升内在力量呢？

　　其实，我们可以做一些事情，帮助孩子积累成功的经验，让孩子在体验成功的过程中，逐步增强自信。我们可以帮助孩子形成一个"尝试→体验成功→获得好的感受→再次尝试→再次体验成功→再次获得好的感受"的良性循环。我们需要做的是，让孩子通过完成某件事体验获得成功的感觉，并帮助孩子反复强化这种感觉，直到孩子把成功的感觉内化于心，拥有足够的自信去挑战新的目标。

比如，我们很多人都喜欢唱歌，但往往又唱得不是很好。于是平日里，我们都会选择几首适合自己且自己能唱的歌进行练习。由于平时的练习，在某些需要一展歌喉的时候，我们就能唱得不错，进而获得称赞，并体验到成功的感觉。当我们受到别人称赞的时候，我们也会非常高兴，对唱歌就更有信心，也更有动力把这几首歌练习得更好。通过反复练习，这几首歌就能成为我们的拿手歌曲了。这时候，我们对于唱歌就拥有比较充分的成功体验了。

然后，我们可以再换一些难度较高的歌曲进行练习，即使刚开始可能唱不好，但也不会气馁。因为有了前面的成功经历，我们知道只要多加练习，加上正确的演唱方法和技巧，最后肯定能唱好。如果这时候，再有别人的鼓励和好评，我们就能越唱越好。对于孩子来说，其实也是同样的道理。从简单事情开始，熟能生巧，不断体验成功，最终形成良性循环。

在建立成功体验的良性循环练习过程中，孩子多少都会遇到挫折和困难，我们要引导孩子从中吸取经验，在下一次练习中，继续挑战困难，直至取得成功，而不是沉浸于一时受挫的感受中一蹶不振。比如，孩子被老师点名，要求背两首唐诗，他背了一首唐诗，另一首唐诗忘了两句没背下来，因此感觉很丢人，觉得老师和同学都在笑话他。从此这件事成了他的一个心理阴影，以后他在课堂上也就不爱主动回答问题了。即使勉强回答了，他也会很小声，总怕说错。有时候就算是回答对了，心里也总怀疑："我是不是真答对了？"

遇到这种情况，父母应先让孩子看到这件事当中自己做得好的那部分，比如，能背好一首唐诗，这说明背诵唐诗这件事孩子是可以做好的，只是其中一首唐诗出了点差错而已，并不是没有背诵的能力。

当我们先让孩子对他不满意的事情有一个客观的认知之后，就可以引导孩子从中吸取经验：你能背下来这首唐诗，是怎么做到的呢？另一首没背好是什么原因呢？如果你能确保每首唐诗都背诵下来，需要怎么做呢？你打算什么时候开始做呢？用这样的提问方式，父母就可以引导孩子把注意力从挫败感转移到对成功的期望，以及下一步的行动上来。

自信是孩子在不断体验成功的感觉后所拥有的一种人生

态度，是逐渐积累的结果。为了让孩子拥有自信心，我们可以做一些事情帮助孩子积累成功的经验，体验取得成功的过程和感觉，并因此逐步提升他们的自信心。

平时，父母可以挑选一些对孩子来说具有挑战的事情，让孩子想象获得成功后的场景和感受，激发孩子的行动意愿。然后，父母可以就这个挑战和孩子一起制订规划，把目标分解为具体可行的行动方案，激励孩子用行动直面挑战，从而体验战胜困难的成就感，进而提升自信心。

创造环境，培养孩子的社交自信心

自信，是孩子在不断体验成功的感觉后所拥有的一种人生态度，是逐渐积累的结果。在平时的生活中，父母可以做一些事情，帮助孩子积累成功的经验，让孩子在体验成功的过程中逐步增强自信。当然，我们也可以创造出一定的环境，让孩子在具体的环境中培养自信心。

我们带孩子走亲访友，或者出去玩的时候，可能看到过这样的画面：两个孩子在不认识对方的情况下，一开始可能会躲在妈妈的身后，好奇地看着对方，不敢上前打招呼，但经过妈妈的引导，或是过了一段时间后，孩子们就能开心地在一起玩了。

一开始，孩子喜欢躲在妈妈身后不敢和人交往，通常是因为孩子的交际自信心不足，缺乏自我认知和安全感。也有一些孩子是因为从小缺乏交际环境，没有掌握人际交往的技能。当然，还有些孩子因为在日常的交际中存在着不良情绪和行为，导致别的小朋友不喜欢与他交往。

父母们需要注意，一旦孩子出现社交恐慌的情况，很可能是孩子在人际交往上需要我们的帮助了。此时，父母可以通过走出去和请进来的方法，为孩子营造一个良好的社交环境，帮助孩子提升社交自信心。

所谓走出去，是指让孩子走出家门，寻找同伴。父母可以带孩子去亲戚、朋友、邻居家串门，让孩子尽量多认识一些朋友，多和人交往。孩子在广泛的交往中，胆子就会慢慢变大，性格也会变得更加活泼开朗。

所谓请进来，是指孩子主动请小朋友、同学、表兄弟姐妹等到家里一起玩。趁着这个机会，父母也可以亲自示范，教导孩子学习如何待客、如何分享、如何帮助别人等。通过走出去和请进来的方法，可以为孩子创造更多的机会和条件，为孩子营造与同伴交往的良好环境，让他们接触更多的人，并从中体会到交际的快乐。

有的孩子比较内向、敏感，更多时候，他们会先观察周围的环境，观察别人的行为，然后才会采取行动。对于这种性格偏内向的孩子，父母不需要过于担心，在帮助孩子和别人交往时，不要强迫孩子进入环境，只是和他一起观察、一起适应环境就可以了。父母要给予孩子发生自然变化的时间和机会。

父母不要期望孩子一下子就变成社交高手，在与人交往的过程中，如果孩子能够主动跟别人交流，哪怕只是简单的问候一句"你好"，父母也要及时给予孩子肯定和鼓励。毕竟，对于一个内心胆怯的孩子来说，能做到主动打招呼，已经是件挺不容易的事了。孩子的自信是在不断尝试、不断失败、不断被肯定中，一点一点建立起来的。所以爸爸妈妈们，千万不要吝啬你们的肯定和鼓励。

性　格　力　量　七

高　效

　　时间惯例表的执行需要一个过程，孩子很难一开始就能按照时间惯例表中的时间安排来做事情，而且，越做不到就越难坚持。所以我们需要依据最近发展区原则，制订出和孩子能力相匹配的时间惯例表。

让孩子为磨蹭的后果负责

　　根据调查，几乎所有的父母都曾被孩子做事磨蹭或拖延的习惯所激怒，比如，吃饭拖拉、写作业拖拉等。每当这个时候，父母通常的做法是——催。赶紧、快点、来不及了、磨蹭等词语几乎成了父母的口头禅。可是，就算我们每天都重复这些词语，说得孩子耳朵都起茧子了，孩子做事还是照样拖拉。

　　当催促不起作用的时候，父母就会"亲自动手"。人本主义心理学认为，孩子会按照自己的步伐，发挥潜能，达到目标。这是孩子自我实现的内在需求。如果父母觉得孩子做事磨蹭，就忍不住自己动手，代替他把事情安排好，甚至做好，将在一定程度上阻碍了孩子自我实现的内在需求。而且，孩子也会慢慢觉得，"反正你已经安排好了，我就不做了""反正怎么做你都是催，那我就再等等好啦"。

如果孩子习惯了由父母来安排时间，他自我实现的内在需求就受到了阻碍，也就很难拥有主动管理时间的意识，进而会变得更加磨蹭了。要想让孩子做事不再磨蹭，我们首先要尊重孩子自我实现的内在需求，适当放手，把孩子的时间还给孩子，让孩子学会自己把控时间。

那父母该怎么做，才能让孩子自主管理时间呢？我的同事曾给我讲过一段他小时候的经历，这段经历应该能给予我们一定的启发：

我小时候学习成绩挺好的，就是早上起床容易磨蹭，我妈每天早上都得催我。终于有一天，我妈忍不住跟我说："明天早上我就等你到 7 点 30 分，如果你还没起床，我就不送你去上学了，你上学要是迟到了，可别怪我。"我听了之后也没在意，因为这种情况从来没有发生过。

结果第二天早上，我睡到自然醒还没听见我妈叫我。我以为时间还早，就按部就班地刷牙洗脸，突然听见关门的声音，我才反应过来——我妈上班去了。然后，我赶紧看表，天哪！都快 8 点了！我的脑袋"嗡"的一声，整个人都傻了，怎么办？等缓过神来，我赶紧手忙脚乱地收拾书包，往学校跑。

等我满头大汗跑到学校，我不但错过了早自习，连第一节课也没有赶上。那天我进教室的时候，老师和同学的目光"唰"地集中到我身上，我当时感觉好尴尬，赶紧低着头回到座位上。那时候我心里就想：这太丢人了！看来下回不能指望我妈催我了，我得自己定闹钟。

回家以后，我马上给自己定了闹钟。而且从那以后，我起床也不像以前那样磨蹭了。后来，我妈还给我支了一招，让我晚上睡觉前收拾好书包，早上上学就不会手忙脚乱了。一直到现在，我都享受着自己把控时间所带来的从容感受。

要想让孩子学会自主管理时间，养成高效的做事习惯，我们得让孩子自己承担因误时而产生的后果。如果孩子对于这个后果足够在意，足够重视，他就能真正体会到管理时间是自己的事，绝不能依赖别人，从而逐渐养成自主管理时间，高效做事的好习惯。

训练孩子的时间感知力

　　我们了解到，要想让孩子做事不磨蹭，首先要尊重孩子自我实现的内在需求，适当放手，把孩子的时间还给孩子，让孩子意识到管理时间是自己的事，从而主动管理好自己的时间。那么，当孩子拥有了自己安排时间的意识后，我们就需要让孩子拥有一个明确的时间观念，针对孩子的时间认知水平进行训练，提升孩子的时间感知力。所谓时间感知力，是指准确感知时间长短和预估时间的能力。

　　儿童心理学之父皮亚杰认为，生理成熟是儿童心理发展的基础和前提。和大人相比，孩子的身心尚未成熟，他们对时间的感知力还不强，很难把时间和自己的行为有效地联系在一起，所以他们缺少"几点钟要做什么事"这样的时间观念，对于做一件事要花费多长时间，也不能准确地估算。所以很多时候，我们觉得孩子做事拖拉，其实是因为孩子没有良好的时间感知力。

比如，我们跟孩子说他只能看 30 分钟的电视，之后必须去写作业。但是 30 分钟后，我们让孩子写作业，他却说："我看了 30 分钟的电视了吗？我觉得才看了一会儿呀。"这时，父母肯定会觉得，孩子是为了看电视才故意这么说的，但其实不是。而这种现象也正是孩子缺少时间感知力的表现。

如果我们从小就训练孩子的时间感知力，孩子就能更好地安排时间，做到学习和玩耍两不耽误。而这也能为孩子未来做到合理地管理时间，高效率做事，打下坚实的基础。

既然时间感知力这么重要，父母要如何才能帮助孩子提升时间感知力呢？首先，在日常的生活中，父母要做到准确地表达时间。比如，孩子说要出去踢球，我们一般都会说："别玩得太晚啦，一会儿该吃饭了！"我们留意到这句话有什么问题吗？"太晚""一会儿"都是模糊的时间表达词语，这些词语不能培养孩子准确的时间感知力。

如果我们这么说："你戴上手表，6 点的时候，一定要准时回来吃晚饭。"父母这么说话，孩子对时间的概念就会更加清晰了。因为我们提供了准确的时间节点——6 点，我们也提供了管理时间的工具——手表，这样孩子在玩的时候就会不断关注时间了，以便 6 点准时回家。

可有的妈妈说："我家孩子戴了手表，怎么也不管用啊！"这时，父母一定不要着急，习惯不是一两天就能养成的。如果我们平时和孩子说话时，多注意准确表达时间，多注意培养孩子的时间感知力，就能逐渐帮助孩子建立起时间观念。

我们在平时可以尝试着跟孩子这么说："现在 7 点了，你该起床了。""我们 6 点 30 分吃饭，你要在 6 点 30 分之前写完作业。""还有 10 分钟，你就该睡觉了。"这些准确的时间表达，可以更好地帮助孩子把时间和他所做的事情联系起来，从而提升他们的时间感知力。如果有一天，孩子开始习惯这么说："现在几点了？""我们几分钟之后出门？"这就说明，孩子的时间感知力已经得到提升了。

除了准确表达时间，我们还可以通过猜时间游戏来训练孩子的时间感知力。比如，孩子问我们："现在几点了，我可以去踢球了吗？"这时，我们先不要直接告诉孩子时间，而是说："你猜猜现在几点了？"孩子可能会说："我不知道啊，你帮我看下表呗！"这时候，我们可以说："要不我们都先不看表，我们玩一个猜时间的游戏吧，你想一下，你刚才做了什么事，估计一下用了多少时间，然后感觉一下现在是几点了，猜对了有奖励。"

一说玩游戏，孩子肯定会感兴趣。接下来，他可能就会开始思考，自己是什么时候开始写作业的、中间又做了什么事、大概花了多长时间，然后就会估计出现在是几点了。通过这个游戏，我们可以训练孩子的时间感知力。如果孩子对时间猜得比较准，我们可以给予孩子适当的奖励，比如，多踢 10 分钟球，这样还可以强化孩子对时间的关注。

其实，父母想要培养孩子的时间感知力，还有很多种方法，只要我们认真观察和分析，就能找到合适的方法。但最重要的是，父母应该在日常的生活中，准确地表达时间。这不仅可以训练孩子的时间感知力，还能让孩子有明确的时间节点，让孩子更容易在规定的时间之内完成要做的事情。

那么前面我们提到的关于提高孩子时间感知力的方法，父母和孩子要多加练习，只要坚持练习，孩子的时间观念就会慢慢养成，由此也能培养孩子高效做事的好习惯。

 **共同协商制订时间惯例表**

　　什么是日常惯例呢？就是什么时间做什么事，做一件事需要多长时间，到什么时间结束等，把这些时间节点明确地表达出来，并当成一种习惯去遵守。比如，针对孩子晚上睡觉总是磨蹭这件事，我们就可以和孩子一起列一份时间惯例表，写上睡觉前要做的所有事情。这个表必须分类明确，且只有两列，左边一列是时间，右边一列是要做的事项。

　　我们列时间惯例表的主要目的是，让孩子对几点钟做什么事情有一个清晰的概念，并且做事能更有条理，更有效率。如果孩子真的能按照时间惯例表行动，肯定能取得一定的效果。但往往这个时间惯例表也会变成一个摆设。那么，怎样才能让这个时间惯例表发挥真正的作用呢？

　　在我们决定让孩子列时间惯例表的时候，我们首先应该考虑到，不同发展阶段的孩子对时间概念的理解程度是不同的，最好把时间定为整点或者半点，并把重要的时间节点规划清楚。

　　在时间惯例表制订过程中，我们首先要充分尊重孩子的意愿，在尊重孩子自主性的同时，只限定几个重要事项的时间，比如，起床时间、睡觉时间等。我们不能把换衣服、上厕所这类事情也事无巨细地放上去，因为过分地安排时间可能会让孩子产生一定的约束感。而且这样过于细致地划分时间，父母可能也没有太多的精力来监督执行情况。

　　其次，我们不要代替孩子来确定时间点。在制订时间惯例表的时候，除了一些孩子必须遵守的时间点，我们要和孩子明确说明，其他的时间点我们都应该和孩子共同协商确定。

　　在制订时间惯例表的时候，父母应注意不要打击孩子。比如说，"你怎么连上厕所的时间都忘记写了？""别瞎定了，10分钟你哪能洗漱完？""10点睡觉？不行！"当我们这么说的时候，其实就是在和孩子争夺管理时间的权力。而且，父母们更要知道，当孩子的意愿被打击之后，他们往往又会采用拖延的方式来反抗，并和父母进行隐蔽的权力斗争——这事反正不是我决定的，等会再干吧。因此，为了孩子能够自觉地遵守时间惯例表，我们必须尊重孩子规划时间的权力。

　　但是，如果父母觉得孩子的时间惯例表制订得不合理，父母可以按照孩子制订的时间惯例表实施两三次，让孩子看看实施自己的时间惯例表所导致的行为结果。比如，孩子决定早上8点起床，但是父母觉得太晚了，最好是7点40分起床。当意见不一致时，我们不要强迫孩子遵守我们的时间安排，就先让孩子8点起床。如果这个点起床，孩子真的迟到了，那么接下来他才能真正明白，哪个时间点对自己才是合适的，他才愿意自觉地调整起床时间。若是孩子在自己制订的时间点起床没有迟到，那么父母当然也应该接受孩子制订的时间，因为这样可以让孩子感到制订时间惯例表是自己的权力，而且他也会更有动力去执行。

　　那么，时间惯例表应该放在哪里呢？关于起床和睡觉的时间惯例表，我们可以把它贴在孩子的房门上；关于写作业、吃饭、看电视，甚至玩 iPad 的时间惯例表，我们可以把它贴在孩子书桌附近的墙上，让他时刻能够看到。

一切时间都安排好了，接下来就是执行了。要知道做计划容易，执行计划可没那么容易。那怎么才能真正把时间惯例表变成一种惯例、一种习惯呢？

时间惯例表的执行需要一个过程，孩子很难一开始就按照时间惯例表中的时间安排来做事情，而且，越做不到就越难坚持。所以我们需要依据最近发展区原则，制订出和孩子能力相匹配的时间惯例表。

我们还要避免让孩子同时执行几个时间惯例表，如"起床惯例表""作业惯例表""睡前惯例表"，而是先选择其中最简单的执行。通常情况下，在对某一个时间惯例表执行了三周左右后，孩子就能养成在某个时间点做某件事的习惯。当孩子养成一个好习惯后，我们执行下一个时间惯例表就比较简单了。

在孩子真正能按照时间惯例表做事之前，父母应该每天都做一次行为核查，如果觉得太频繁，也可以 2 ～ 3 天做一次，看看孩子有哪些地方做到了，哪些地方没有做到。

我们也可以设置一些小奖励，可以是心理或精神上的奖励，最好不用物质奖励。当孩子没有做到的时候，我们也应给予惩罚。当然，所谓惩罚，也只是稍微减少孩子相应的娱乐活动时间，小惩即可。惩罚的目的，是让孩子学会为自己的行为后果负责，而不是让孩子感到痛苦。在这个过程中，我们也可以对时间惯例表进行调整和完善，并坚信孩子一定能通过这个时间惯例表提高学习效率，提高做事效率。

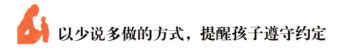# 以少说多做的方式，提醒孩子遵守约定

上一节我们已经了解到，父母为孩子制订时间惯例表，孩子更容易养成有条理、高效率做事的好习惯。那么，在刚开始执行时间惯例表的时候，我们可能会遇到这种情况：已经过了时间惯例表上规定的时间，孩子还没开始做某件事，甚至，他们早已忘记了要做某件事。每当这种情况出现的时候，父母肯定会很生气，甚至会责备孩子。其实，我们这时候需要做的是提醒孩子，给予孩子支持和帮助，让孩子赶紧养成按照时间惯例表做事的好习惯。

那父母怎样做，才能真正有效地给予孩子支持和帮助呢？其实，父母只需要遵循少说多做的原则即可。少说的意思是避免唠叨。比如，当孩子没按规定的时间点洗漱的时

候，我们可以简单地问孩子："现在几点了？"孩子可能一看表就会想起来："哦，已经 7 点 35 分了，已经过了看电视的时间，该去洗漱了。"

当然，这样的练习必须建立在孩子已经拥有了良好的时间感知力，有了一定的时间概念的基础上。如果在前面的时间感知力训练中，孩子已经具有了良好的时间观念，那么孩子也就能更快地接受日常时间惯例表这个训练，不会过分地依赖父母对时间的提醒，且能逐渐养成按照时间惯例表行动的好习惯。

少说即避免唠叨。其实，少说也可以理解为父母用非语言的方式来暗示孩子，比如，当孩子没有按照时间惯例表做事情的时候，我们可以指指墙上的时间惯例表，可能孩子立刻就明白了。或者我们和孩子约定，在孩子写作业磨蹭或看电视超时的时候，父母可以拍拍孩子的肩膀，作为给孩子的提醒。这种方式的好处是，父母不会把自身的焦虑和不满情绪传递给孩子，这样孩子也更容易接受父母的提醒。

那什么是多做呢？多做，就是父母要以身作则，给孩子营造一个和时间惯例表相对应的氛围。比如，当孩子写作业时，父母也去做一些和学习、工作有关的事情；吃饭时，父母也要放下手中的事情，准备吃饭；约定好和孩子出门的时间到了，父母也要收拾妥当，不可以妈妈还在挑选衣服、化妆，爸爸还在玩手机；答应好和孩子一起玩的，不要轻易和孩子说："我忙着呢，下次吧。"

如果父母不以身作则，并时常破坏规矩，时间一长，孩子就会认为定好的时间惯例表只是一个摆设，不重要，这对培养孩子高效做事的好习惯是有百害而无一利的。如果我们真正做到了"少说多做"，孩子自然也会向我们学习。

如果孩子真的没有按照规定的时间做事情，我们该怎么跟孩子沟通呢？这时，有一个原则是父母必须记住的，即说事实、问原因、找方法。父母客观地描述看到的问题，不要带有情绪，而是就事论事客观评价。比如，我们与孩子沟通写作业拖延的问题时，可以这么说："我看到你今天写作业的时间比原计划超了 30 分钟，是什么原因呢？"如果孩子不肯说，那么我们可以尝试着给出两个可能的原因："是今天的题比较难，你不会做吗？还是有什么烦心事让你状态不好了？"其实，只要我们能够真诚地跟孩子沟通，孩子就会愿意和我们讨论他所遇到的情况。

在与孩子沟通的过程中，当我们了解了问题产生的原因，我们就可以和孩子一起寻找解决问题的方法了。在寻找解决问题的方法的时候，父母可以使用一些提问句式。比如，我们可以说："你以前遇到这样的问题，有没有自己解决掉？""那时候你是怎么做到的？""要解决这个问题，你觉得首先要做什么？""然后呢？""还有呢？"这些都是引导孩子寻找解决方案的提问方式。

除了提问，我们也可以给予孩子一些恰当的建议，或者提出一些可行的方法，让孩子自己决定是否采纳。通过这样的方式，孩子就能学会寻找解决问题的方法，高效做事的习惯也会在这个过程中慢慢养成。

让爱的时光成为孩子高效行动的助力

　　爱的时光听起来像是一段很美好、很曼妙的时光，可以是恋人之间的爱的时光，也可以是亲子间的爱的时光。我们今天要说的爱的时光是，父母高效、专心陪伴孩子的亲子时光。说到亲子时光，我们可以回想一下：在平时的生活中，我们是否对孩子的陪伴太少了？

　　不知父母们是否意识到这个问题：当孩子写作业磨蹭时，只要我们坐在身边看着他，孩子就会立刻认认真真写作业，并且很快写完作业。一旦我们离开，不再关注他了，他立刻又开始磨蹭。那这个时候，孩子可能就是想用做作业磨蹭的方式来争取我们的陪伴。还有，如果孩子在睡觉前总是缠着我们"再讲一个故事"，当我们讲完以后他又说

"再讲最后一个故事吧"。这也可能是孩子想要我们陪伴他的表现。

如果真是这样，可能就是因为我们日常生活中忙于工作，给予孩子的陪伴太少了。因此，我们可以和孩子约定一个时间，称它为爱的时光，并用这段时间专心陪伴孩子。这样，我们不但能够满足孩子寻求关注的需求，也能促进跟孩子的感情，增加亲密度。

在合理安排爱的时光的时候，爸爸可以说："如果你在8点之前写完作业，爸爸陪你下20分钟棋，或者打球也可以。"妈妈可以说："如果你按照睡前时间惯例表把事情都完成了，妈妈会陪你讲20分钟故事。"

当然，我们在爱的时光里所进行的具体的活动，必须是孩子自己选择的、喜欢的项目。这样，当孩子把写作业、准备睡觉这些事情和自己想得到的爱的时光联系在一起的时候，他们就会对所要做的事情更有动力，效率自然也就提升了。

需要说明的是，这并不意味着爱的时光是有条件的。爱的时光应该无条件地存在于孩子的生活里，让孩子从父母

专注的爱的陪伴中得到滋养，这将为孩子的成长带来无限
益处。因此，如果父母以后再遇到类似于孩子做事磨蹭的情
况，我们不要急于责备他们，我们应该深入地了解孩子，了
解孩子的内在需求。

性 格 力 量 八

乐 观

　　很多时候，我们都认为是一件事的发生决定了我们的感受和后果，而 ABC 法则则会帮助我们改变这种思维模式。什么时候发生什么事是我们无法控制的，但我们对发生的这件事有着什么样的看法，却是我们可以决定的。

接纳孩子的错误，鼓励孩子进行优势迁移

乐观是一种积极的人格特质。积极心理学的研究结果表明，在遇到困难和挫折时，不同的人对此会有不同的解释和归因。乐观特质比较强的人，倾向于把困难解释为短暂的，通过自己的努力能够战胜的挑战。

对于一个孩子来说，如果他的性格比较乐观，他会倾向于关注事情好的一面，在遇到困难的时候能够自我肯定、自我加油，把困难当成一个挑战，努力克服。即使会有沮丧、难过、气馁的时候，他也会很快从这种情绪里走出来，以积极的心态重新面对一切。

如果孩子的性格比较悲观，他往往会关注事情不好的一面，经常自我批评，一旦遇到困难容易自暴自弃，认为自己不能真正克服困难，容易丧失尝试或挑战的勇气和动力，长时间陷入低落的情绪状态里。比如，当孩子拿到成绩单后，乐观的孩子会看到自己哪个科目考了高分，与以前对比有什么进步；而悲观的孩子则会先看到自己哪个科目考得不好，就算其他科目都考得很好，他的快乐也会大打折扣。再如，对于表演节目，乐观的孩子可能会尽力争取上台表演的机会；而悲观的孩子，即使老师极力推荐他上台表演，他也会顾虑重重，担心自己表演得不好。

人的身上并不存在绝对的、恒定的乐观或悲观。所谓乐观和悲观，并不意味着标签化和脸谱化的绝对评价。回顾我们自己的生活，每个人都有乐观的时候，也有悲观的时刻，这些都是组成生命体验的动态部分，都有各自的意义和价值。

很多父母都希望孩子是乐观开朗的，因为乐观的心理态度可以帮助孩子无论在遇到任何事情的时候，都能勇敢地面对，并且以积极的心态努力尝试，从而获得成长。那乐观的人生态度是从哪儿来的呢？美国前心理学会主席、积极心理学之父塞利格曼对"乐观"进行了长达30年的研究，他发现，乐观的人生态度有四个来源：第一个是基因；第二个是自身的掌控感；第三个是父母的影响；第四个是外界的支持。

培养孩子乐观性格力量的一个重要方面，就是支持孩子克服困难，获得成功体验，拥有掌控感。在父母的支持和帮助下，孩子更容易养成勇敢迎接挑战、克服困难的习惯，更容易获得成功的体验，也更容易培养出乐观的人格特质。

那么，父母到底该怎么做才能支持孩子获得掌控感，培养孩子真正的乐观特质呢？这里面有两个关键因素：第一个关键因素是接纳孩子的错误；第二个关键因素是鼓励孩子进行优势迁移。

下面我们来详细介绍一下，父母应该如何做到接纳孩子的错误。孩子的成长和进步离不开试错。如果孩子一犯错，父母就生气、焦虑并进行批评、指责，那孩子肯定会感到害怕和自责，认为犯错不好，犯错的自己也是不好的。孩子内心这种对犯错的负面认知，以及对自己的负面评价，不利于孩子形成乐观积极的人生态度。

相反，如果父母愿意接纳孩子的错误，能鼓励、引导孩子从错误中学习成长，那么，即使犯错误，孩子也能对自己有正确的评价，能够恰当地面对错误，逐渐培养出积极乐观的人生态度。所以说，培养孩子拥有乐观人生态度的第一个关键因素是接纳孩子的错误。

支持孩子的第二个关键因素是鼓励孩子进行优势迁移。正面管教创始人之一、著名心理学家鲁道夫·德雷克斯曾经说过："孩子需要鼓励，就像植物需要水。"在教育孩子的过程中，鼓励几乎比其他任何事情都重要。一个乐观的孩子，背后必然有一对对孩子充满希望且善于鼓励孩子的父母。父母的鼓励能让孩子看到自己的进步，认可自己的能力和价值，看到自己的可能性，进而对自己的人生充满希望。

值得注意的是，鼓励孩子并不是我们简单地多说一些"孩子，你真聪明"之类的话就可以了，鼓励和称赞是有技巧的。对孩子来说，如果我们经常将孩子的成功归因于他们的聪明，长此以往，孩子也会觉得是因为自己聪明，才有了这番成绩，他们也就无法看到努力和积极思考的意义了。

　　优势迁移是指将某一方面的优势，迁移到其他方面。那么，我们怎么鼓励孩子进行优势迁移呢？比如，孩子画画很好，但钢琴弹得一般，我们就可以鼓励孩子将他画画时候表现出来的专注和耐心，迁移到弹钢琴上去。我们可以这样跟孩子说："宝贝，我注意到你画画的时候特别专注，能画很长时间，有时候甚至能画一个多小时，很厉害呢！我相信你在弹钢琴的时候也可以像画画一样专注、有耐心。这样的话，你在弹钢琴方面也一定会取得进步。"

　　如果父母能够经常使用这样的方式跟孩子说话，时间一长，孩子就会慢慢养成积极乐观的思维，比如，"我画画很专注，很努力，所以能画好。要是我在弹钢琴的时候也能这样专注和努力，那我也可以把钢琴弹得很好。以后做别的事情也同样是没问题的。"

　　如果孩子能养成乐观的思维方式，那么即使他们以后还会遇到困难和挫折，他们也不会轻易就沮丧、自暴自弃，他们会很有信心地认为："这次失败是特殊的、偶然的，自己下次一定可以做好。"他们不仅不会因为一次的失败就丧失信心，还会激发起内心无限的潜力。

　　所以说，在日常的生活中，父母通过接纳孩子的错误，鼓励孩子进行优势迁移，可以在一定程度上帮助孩子克服困难，获得掌控感，进而培养乐观向上的性格力量。

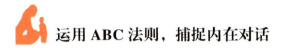 **运用 ABC 法则，捕捉内在对话**

前面我们谈到，父母通过接纳孩子的错误，鼓励孩子进行优势迁移，可以在一定程度上帮助孩子克服困难，取得成功，获得掌控感，进而培养孩子乐观的性格力量。那么，接下来我们要为大家分享一个具体培养乐观思维方式的法则 ——ABC 法则：A 代表发生的事件，B 代表我们对这件事的想法和看法，C 代表这件事带给我们的感受和行为结果。具体来说就是，当事件 A 发生之后，由于我们对事件 A 有着看法 B，所以才造成了我们的感受和行为结果 C。

很多时候，我们都认为是一件事的发生决定了我们的感受和后果，而 ABC 法则则会帮助我们改变这种思维模式。什么时候发生什么事是我们无法控制的，但我们对发生的这件事有着什么样的看法，却是我们可以决定的。那我们就来看看，父母如何通过 ABC 法则帮助孩子培养乐观的思维方式。

通常情况下，孩子心情的好坏会受到发生的事件的影响。比如，孩子喜欢的玩具丢了，他们会感到难过；跟好朋友闹别扭了，他们会感到生气。根据 ABC 法则我们来分析一下，A 代表发生的事件——玩具丢了、跟好朋友闹别扭了，C 代表孩子的感受和行为结果——难过、生气。表面看起来，不好的感受和行为结果 C 是由不好的事件 A 引起的。但实际上，人们脑海中代表想法的 B 才是引起后果 C 的真正原因。也就是说，孩子对所发生的事件的看法，导致了他随后的心情和做法。

同样一件事，不同的孩子遇到后可能会有完全不同的看法，于是就产生了不同的感受和结果。比如，孩子的好朋友亮亮这几天没有跟孩子一起玩，他跟班里的小佳去玩了，这是事件 A。如果发生了这样的情况，有的孩子可能会想："亮亮现在不喜欢我了，不想跟我一起玩了，他想跟小佳做好朋友。"那么这就是想法 B。因为有这样的想法 B，所以孩子在接下来会表现出伤心、委屈、生气等情绪，也可能会从此疏远亮亮，这就是感受和行为结果 C。

如果事情发生在另外一个孩子身上，这个孩子的想法 B 可能是："亮亮和小佳也成了好朋友，以后我们三个人可以一起玩。"有这样想法的话，孩子的感受和行为结果 C 可能就是平静、开心和期待。因此，如果孩子对于事件 A 的想法 B 是相对积极的，他的感受和行为结果 C 也会随之改善。相反，如果孩子对于事件 A 的想法 B 是相对消极的，并且觉得自己无能为力，那么他的感受和行为结果 C 就可能是悲观的、焦虑的。

所以说，决定我们的感受和行为结果 C 好坏的，并不是事件 A 本身，而是我们面对这件事时自己内心的想法 B。**心理学家根据 ABC 法则，发展出一个练习乐观思维的方法，这个方法的关键是识别、评估并改变我们的消极想法 B。这个方法就是捕捉内在对话法。**

所谓捕捉内在对话，关键就是我们要留意自己内心的想法 B。因为这些想法通常会一闪而过，如果我们不留意的话，就不容易觉察到它们。所以需要我们多加练习，才能更好地捕捉到这些想法。一旦我们捕捉到这些想法，我们就可以评估这些想法是积极的还是消极的，比如，当我们无法找到一本书的时候，脑海中就可能会产生这种想法："我又把书弄丢了，我可真是够笨的。"这一消极的想法就是我们的内在对话。当我们觉察到这个内在对话是消极的、负面的时，我们就要立刻停止这种想法，进而修正我们的想法。否则，我们就会陷入无休止的自我否定中。

那怎么才能让孩子学习捕捉内在对话法呢？首先，我们要让孩子认识到，头脑里有这种对话是正常的，大人和孩子都会这样。我们可以列举一些自己的例子，或者假设一些情况。比如，我们可以问孩子："如果老师在课堂上叫你回答问题，可是你正好走神了，根本不知道老师问了什么，这时你心里会怎么想呢？"这样的提问，可以帮助孩子更好地理解内在对话。

我们也可以请孩子回想一件最近发生的事，让他试着找出当时自己内心的对话。当孩子通过不断的练习找到自己的内在对话后，他们就会发现，自己的内在对话越消极，心情就会越差，行为就会越不受控制。那我们接下来就可以引导孩子运用乐观的 ABC 法则，把悲观的想法转换成乐观的想法，进而改变他的行为结果。我们还可以进一步营造一个氛围，让孩子对自己的感受和想法的关联感到好奇，并愿意主动探索。

作为父母，我们可以先运用 ABC 法则为孩子做示范。当我们和孩子在一起时，如果自己恰好有某种情绪，那我们就可以先用自己遇到的事，为孩子解释 ABC 法则中三者的关系，即对所发生的事件 A，说出自己头脑里产生的想法 B，以及这个想法带给我们的感受和行为结果 C，以此让孩子对事件、想法、感受和行为结果的关系有所了解。

比如，我们正开车送孩子上学，路上堵车了，这是事件 A。这时我们的头脑中冒出来一个声音："又堵车了，我这一天的计划都被堵车打乱了，什么事都做不了。"这就是想法 B。结果我们特别生气，这是感受和行为结果 C。

如果我们觉察到头脑里的消极对话，也就是想法 B，我们就可以运用 ABC 法则进行一个练习。我们可以改变想法 B——我们可以这么想："堵车的时间刚好可以跟孩子聊聊天，增进感情。"这样可能就不会那么生气了。渐渐地，我

170   培养孩子十大性格力量，一生受益

们就会对身边发生的事始终保持乐观的态度。

　　我们和孩子分享类似体验时，可以先不提 ABC 法则这个抽象的概念，只是把我们改变内心想法和感受的过程分享给孩子。如果我们能多跟孩子分享一些自己的想法和感受，孩子就会通过我们的分享，慢慢地熟悉事件、想法，以及感受和行为结果这三者的关系。然后，我们就可以专门挑选一个时间，正式向孩子介绍 ABC 法则了。

画 ABC 漫画和做连线游戏，培养孩子乐观思维

前面我们说的 ABC 法则乍一听，感觉很抽象，但把它放在实际生活中，就比较容易理解了。我们可以通过画 ABC 漫画和做连线游戏帮助孩子理解想法和感受之间的关系。

就以画 ABC 漫画为例，父母可以简单地画三幅小漫画，分别代表 A、B、C。例如，在第一幅漫画中，我们可以画发生的事件 A——老师正在批评某位同学；然后我们可以在空一幅漫画的位置后面画第三幅漫画，也就是漫画 C——被批评的同学正生气或难过的样子；而在两幅漫画中间的位置画漫画 B——被批的同学头顶上画着一个对话框，这个对话框里可以写自我的内在对话，即心理活动。这时父母可以告诉孩子，当事件 A 发生时，漫画 B 中该同学的想法是最重要的，它决定了该同学接下来的感受和行为结果 C。

我们可以上网查找一些图片并打印出来，也可以自己简单地画一些漫画。不管画得如何，重要的是我们通过漫画的形式，可以帮助孩子理解想法和感受、行为结果之间的关系。

我们还可以发展出各种有创意的方式。比如，通过做连线游戏，让孩子了解想法 B 与感受和行为结果 C 之间的联系。再如，先让孩子写出某件事情 A，然后在下面，把几种可能的想法 B 和可能的感受和行为结果 C 都列出来。例如事件 A 是课堂测验成绩不理想，那想法 B 可能有三种情况：第一种，完了，回家一定要完蛋了；第二种，因为我最近贪玩没有好好用功；第三种，下次考试我要更努力，考好一些。相应的感受和行为结果 C 也有三种情况：无所谓、害怕、内疚。然后，我们请孩子把相关的想法 B 与感受和行为结果 C 连接起来。

当孩子熟悉了 ABC 法则的模式之后，他们就可以根据实际生活中所发生的事情，思考想法与感受和行为结果间的关系。通过让孩子了解自己的想法与感受和行为结果间的联系，孩子就能慢慢调整自己对一件事的想法，进而调整自己的心情，改变自己的做法，从而培养乐观的性格力量。

我们可以观察到，的确有些乐观的孩子在发生不好的事时，非常擅长主动调整自己的想法，并有着积极的心态和做法。然而，大多数孩子都需要在漫长的生活中慢慢培养这样的能力。如果有了父母的指导和帮助，孩子的这种能力就可以更早地培养出来。

培养孩子成为乐观型解释风格者

　　积极心理学家塞利格曼研究发现，乐观的基础在于遇到挫折时，人们对挫折发生原因的看法。每个人都有自己对挫折发生原因的习惯性看法。在心理学中，我们把这种对挫折发生原因的习惯性看法称为解释风格，解释风格有乐观型和悲观型两种。那么，具有乐观型解释风格的人是什么样的呢？

　　具有乐观型解释风格的人，认为失败和挫折是暂时的，是由某个特定的原因引起的，而且这种失败和挫折只限于这件事本身。乐观型解释风格的人无论面对失败还是成功，他们的解释总能对自己的情绪起到积极的作用。比如，面对考试没考好这件事，乐观型解释风格的人会说："这次没考好是因为准备不充分，下次要好好复习，争取考个好成绩。"

　　那么，具有悲观型解释风格的人是什么样的呢？与乐观型解释风格者相反，悲观型解释风格的人会把失败和挫折归咎于长期的永久性因素，或者归咎于他自己，并且认为这种失败和挫折会影响自己所做的其他事。所以，悲观型解释风格者更容易感到自责，产生抑郁情绪。比如，同样也是面对考试没考好这件事，悲观型解释风格的人可能会觉得，没考好是因为自己没有这方面的天赋，或是认为自己比较笨，缺乏相应的自信。

　　那么孩子最初的乐观或悲观的解释风格是从什么时期开始形成的呢？答案是儿童时期。解释风格的形成，不仅受自己做事成功或失败的经验的影响，还受到父母和老师批评方式的影响。

　　当孩子做错事我们想要批评他的时候，我们一定要注意，如果是孩子自己的原因所导致的，就应该就事论事地指出孩子具体的、特定的行为问题，让孩子学会承担责任，并引导孩子做出恰当的改变和调整；如果是孩子自己无法控制的错误，那我们不仅不应该责怪孩子，还要引导孩子不要过于自责。

例如：星期天，妈妈、姐姐和弟弟三个人一起出去玩，姐姐一直在捉弄弟弟，妈妈很不高兴但一直忍着，后来实在忍不住了就说："你这个捣蛋鬼，不要再捉弄弟弟了，本来打算三个人好好出来玩的，你却总是搞破坏，真不知道为什么要带你出来玩。"

例子中，妈妈因为生气而对姐姐说了狠话，可能妈妈当时没想太多，但如果姐姐比较敏感，她可能会这么想自己："我很坏，妈妈不喜欢我，我总是搞坏她的事。看来，没有我他们会感觉更好，我也许是个多余的人。"

在上面的批评话语中，妈妈指责了姐姐的人格，而不是行为。人格往往被认为是不可改变的因素。这样的批评容易让姐姐觉得，出现问题是因为自己这个人不好，是因为自己是没有价值的。而对于姐姐的行为，妈妈也表现出了悲观型解释风格，她没有看到孩子间的互相打闹是一件正常的事情，是一种亲密关系的体现，而是直接否定了孩子的行为。

这位妈妈如此的说话态度，可能会不知不觉地影响孩子，让孩子也形成悲观型解释风格，认为自己什么都做不好，进而产生消极情绪，甚至放弃改变的尝试。

相反，如果这位妈妈说："以后不准再捉弄弟弟了，你一向都是个好姐姐。你教弟弟玩游戏，你和他分享玩具，可是今天你对他不太友好，你知道我是不喜欢这种行为的。你要向弟弟道歉，这样你还是弟弟的好姐姐。"如此，姐姐会知道，其实自己平时对弟弟还是挺好的，自己在妈妈眼中一直都是个好姐姐，所以自己更要做一个好姐姐，不能再捉弄弟弟了。

在这样的话语中，妈妈的批评针对的是姐姐的特定行为，而且妈妈还指引姐姐做出改善、补救的正确行为——向弟弟道歉。长此以往，孩子就会慢慢形成乐观型解释风格了。孩子一旦养成了乐观型解释风格，在以后遇到困难的时候，也就更容易相信自己拥有控制能力，相信可以通过行动来战胜困难。

因此，作为父母有必要知道，我们和孩子说话的态度和方式，特别是批评孩子时的用语，对于孩子解释风格的形成具有重要的影响。具体来说，我们在批评孩子的时候，要批评孩子造成问题的特定行为，并告诉孩子可以做出怎样的改变和调整，这样才能使孩子形成乐观型解释风格。

三步走，教孩子化解悲观型思维

上一节我们了解到，形成乐观或者悲观生活态度的基础在于我们对挫折发生原因的看法，也就是我们每个人特有的惯用解释风格。如果我们习惯用批评和否定的眼光看待做错事的自己或他人，那么我们就会成为悲观型解释风格者；如果我们习惯用鼓励和发展的眼光看待一切，那么我们就会成为乐观型解释风格者。所以很多时候，是我们自己决定了我们会成为什么人。

悲观的人之所以悲观，是因为他们身上有着"杞人忧天"的思想。我们要想转变悲观的想法，重要的是把头脑中的内在对话当作有待证实的想法，而不是确凿的客观事实。

很多时候，我们对事情的看法并不全面，无意中会用悲观型解释风格来解释一些事情，但这些解释不一定就是事实。比如，老师因为小丽上课没有专心听讲，当着全班同学的面批评了她。小丽因此认为："老师一定特别讨厌我，同学们也在心里嘲笑我，我是个不招人喜欢的孩子。"小丽此时就是运用悲观型解释风格，把一件特定事情不好的影响普遍化了。

针对一件事，每个人都无外乎有两种态度——悲观的和乐观的。针对悲观的想法，如果我们能尝试着进行深层次的思考，也许就能化悲观为乐观。当然，化悲观为乐观可以通过三个步骤来实现：第一步，切换视角；第二步，多元解释；第三步，搜集证据。

第一步，切换视角。父母可以帮助孩子从当事人的感受和想法中脱离出来，以旁观者的视角冷静客观地看待发生的事。比如，我们可以这样引导孩子："如果你是从电影中看到了这件事，这件事与你无关，你会怎么描述这件事呢？""如果你是一名摄影师，正好拍到了这件事，这件事与你无关，你会怎么描述这件事呢？"

父母以这样的方式劝导孩子，可以帮助孩子以一个局外人的身份来理解自己头脑里的想法，并站在一个客观的角度上判断自己的这些想法，哪些是客观事实，哪些是猜测。当孩子学会把客观事实和未经证实的猜测区别开来，我们就可以进行第二步了。

第二步，多元解释。一件事的发生肯定不是由单一因素引起的。所以，我们可以教导孩子从不同角度看待问题，而不是只以一种悲观的态度解释问题。我们可以引导孩子想一想：这件事还可以有哪些可能的解释呢？

比如，前面我们列举的小丽因为上课没有专心听讲被老师当着全班同学的面批评了的例子。在这件事中，小丽认为，老师一定特别讨厌她，同学们也在心里嘲笑她。但老师批评小丽也可能是有其他方面的原因。有可能是老师比较关注小丽，所以看到小丽上课走神了就好心提醒小丽；有可能是老师今天的情绪不太好，所以批评的语气比较重；有可能是小丽今天上课状态的确不好，老师看到小丽多次走神才提醒她一下。

在面对他人直接批评的时候，孩子往往不容易想到其他原因，只会觉得他人就是不喜欢自己，或者自己做的就是不对。但作为父母，我们可以多给予孩子一些正面引导。时间一长，孩子就能逐渐学会从多种角度解释一件事了。当孩子能够从不同的角度给出解释，他就可以更理性、更全面地看待问题，进而学会化解自己的悲观情绪。

第三步，搜集证据。搜集证据，就是用证据来反驳自己的悲观想法，把自己从负面情绪中拉出来，全面地看待自己、看待世界。但当我们有悲观想法的时候，我们就不容易看到自己优秀的一面，进而忽视自己身上所具有的优秀品质。

父母要教导孩子在面对批评的时候，学会反问自己几个问题："我所想的是真的吗？""有什么证据可以支持我这个想法？""有什么证据是否定我的想法的？"

例如，小丽有一次考试没考好，于是就自暴自弃，感觉自己很笨。但通过搜集证据，小丽发现自己考得并没有想象中那么糟糕，而且自己的分数比全班平均分还高出 5 分呢。此时，小丽发现自己的想法并不是真实、客观的，只是这一次考试成绩不理想罢了，自己并不笨。

　　通过上面三个步骤，我们可以帮助孩子对悲观的想法发出强有力的质疑，并改变他的悲观型思维方式，逐渐成为乐观的人。在生活中，父母可以先运用这三个步骤进行练习，质疑和转化自己的悲观想法。当我们熟练运用之后，就可以给孩子做示范了，通过我们的示范，孩子就会更容易掌握这套方法，进而培养出乐观的性格力量。

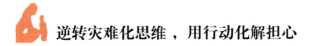

逆转灾难化思维，用行动化解担心

当我们遇到困难或者不顺心的事时，很多人容易把事情"灾难化"，总是会有"万一……就会……"的想法。比如，小佳向好朋友小丽借了一本故事书，不小心把书弄脏了，而这是小丽最喜欢的一本故事书，于是小佳开始担心："小丽一定会很生气的，万一她从此不理我了，该怎么办啊？"

对于这种情况，我们可以先教导孩子问自己两组问题。第一组包含两个问题：一、可能发生的最坏情况是什么？二、自己可以做什么事来防止它发生？

"可能发生的最坏情况是什么？"这个问题可以让孩子把模糊的担心具体化，把担心的事明确化。此时，孩子心中明确感知的压力，比不确定未来会发生什么不好的事时的压力会小很多。然后，我们可以教导孩子通过问自己"做什么事可以防止它发生？"把注意力从对负面结果的担心，转移到自己能做些什么事，以防止负面结果发生的思考上来。这种注意力的转移提升了孩子对于事情的掌控感，让他们不会感到过于焦虑。

第二组问题也包括两个问题：一、可能发生的最好情况是什么？二、自己可以做什么事来促使它发生呢？

"可能发生的最好情况是什么？"这个问题可以让孩子通过想象理想的结果，在头脑中产生好的画面，从而引发孩子好的情绪感受。接下来，孩子再通过"自己可以做什么事来促使它发生呢？"这个问题，启发自己为达成好的结果而努力。

就以小佳为例，她把好朋友小丽最喜欢的故事书弄脏了，这件事最坏的结果是小丽很生气，不想再和她做朋友了。那小佳怎么做才能避免这样的情况发生呢？小佳可以用零花钱买一本一样的新书还给小丽，并真诚地跟小丽道歉。那这件事最好的结果是什么呢？可能小丽会说："没关系，你又不是故意的。"那小佳可以做些什么促使这样的结果发生呢？小佳会想："我可以买一本一样的新书还给小丽，并且再买一本自己和小丽都喜欢的书送给她。"

通过这两组问题，孩子可以有效地对"万一有不好的事情发生怎么办？"这种灾难化思维进行逆转，并用有效行动改变自己不满意的部分，而不是停留在担心的悲观情绪里难以自拔。

性 格 力 量 九

平 和

　　行为的改变是以情绪的被接纳
为基础的。在孩子的行为不会危害
他人的情况下，我们要先接纳孩子
的情绪，让他们表达出自己的情绪
感受。只有孩子的情绪被理解、被
接纳了，他们才会有好的感受，情
绪才会慢慢平复下来。

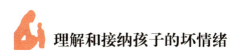 **理解和接纳孩子的坏情绪**

作为父母，我们希望孩子每天都有一个好心情，每天都能愉快地生活。那么，我们想要孩子能够愉快地生活，就需要从小培养孩子处理情绪的能力，如果孩子在任何时候都能管理好自己的情绪，那他在未来将更容易拥有喜悦与平和的人生。

其实，情绪本身是不分好坏的，只是大家为了区分，把生气、悲伤、愤怒、恐惧等情绪称为负面情绪；把轻松、热情、快乐、幸福等情绪称为正面情绪。对于情绪，父母更关注孩子的负面情绪，因为负面情绪总是让父母们感到苦恼。

情绪本身是一种心理活动，各种情绪的出现都是正常现象，我们要做的就是平和地接纳每一种情绪。可是很多时候，我们很难真正做到对各种各样的情绪顺其自然地接受。
对于孩子来说，因为他们管理情绪的能力还比较薄弱，所以
他们在情绪失控的时候会做出很多大人难以接受的行为，比
如，撒泼打滚、哭闹不止、哼哼唧唧、乱扔乱打等，有的孩
子甚至会对自己或他人做出攻击性的行为。

　　3 岁的豆豆一生气就喜欢扔东西，拿到玩具扔玩具，拿
到餐具扔餐具，她妈妈觉得："孩子的情绪管理出现了问题，
孩子的这些行为有可能影响其他人。"因此，妈妈也变得异
常烦躁，常常担心孩子。

　　遇到这种情况，父母首先要将孩子的情绪和行为区分
开。因为每一种情绪的产生都是正常的，没有好坏之分，孩
子的每一种情绪都需要被理解、被接纳。至于因情绪而产生
的行为是否恰当，则是另一回事。但我们经常把孩子的情绪
和行为混为一谈。一旦他因情绪而引起的行为或者做法不
对，我们就会批评他。

　　很多时候，当父母不能接纳孩子的情绪时，孩子的情绪
就会被暂时压制下来。然而，父母对孩子情绪的这种压制，
可能会让孩子认为愤怒、悲伤等情绪是不好的，认为如果没

有这种情绪，那么自己就是个好孩子了。长此以往，这种对情绪的压制会阻碍孩子正常地表达情绪，使他们不能正确地释放和调节自己的情绪。

当孩子的情绪长时间被压制，无处释放的时候，他们反而会变得更加狂躁，更爱发脾气、爱哭闹，甚至会产生各种心理疾病。所以，无论孩子表现出什么样的情绪，我们要做的就是先接纳他的情绪。

当然，我们接纳孩子的情绪，并不等于我们要接受他的所有行为。接纳不等于纵容。父母可以对孩子的情绪"点头"，但一定要对孩子的行为"摇头"。当孩子因为坏情绪而破坏东西或影响他人时，我们还是要立即制止，并让孩子知道自己这样做是不对的，随后还要教导孩子采用恰当的行为方式表达自己的感受。

行为的改变是以情绪的被接纳为基础的。在孩子的行为不会危害他人的情况下，我们要先接纳孩子的情绪，让他们表达出自己的情绪感受。只有孩子的情绪被理解、被接纳了，他们才会有好的感受，情绪才会慢慢平复下来。

我们可以在孩子有情绪的时候，设身处地地考虑一下孩子的感受。比如，当孩子因为没有买到喜欢的玩具而生气时，我们可以对他说："妈妈知道你现在很失望、很生气，因为你真的很喜欢这个玩具，很想现在就买回家。一想到要等到下次节日才能买这个礼物，你就感觉很恼火、很沮丧，是不是？"

再比如，当孩子生气扔东西时，我们可以温和地制止他的行为，对孩子的情绪表示理解和接纳，我们可以说："爸爸猜你现在一定非常非常生气，都快爆炸了，你很想把这些火全都'喷'出来，你想把这些东西都摔了，爸爸也有过这样的时候。其实，每个人都有生气的时候，生气很正常，我们可以一起想想，有什么别的办法能让心情好一些。"

当我们设身处地地考虑并接纳孩子的情绪时，孩子会觉得自己被父母理解了，会感受到来自父母的这份深深的爱，会体会到即使在很糟糕的情况下，父母依然爱自己。于是这份爱和接纳就会驱散孩子内心的无助，坏情绪也会在爱的抚慰下慢慢平复。

作为父母，我们理解和接纳孩子的感受，就是帮助孩子认识自己的感受，调节自己的情绪。父母的理解和安抚会逐

渐内化到孩子心里，孩子会逐渐拥有一种能力 —— 情绪的
自我安抚能力，从而掌控自己的情绪，并最终拥有平和的性
格力量。

先替代后询问，引导孩子正确表达情绪

我曾经听到一位妈妈这样抱怨："有一次我带孩子去逛街，路过玩具店的时候，他非要买玩具，我没同意，结果他就哼哼唧唧闹了半天。你说别人家孩子最多哭个几分钟就好了，我们家孩子脾气怎么这么大！"其实，不只是这位妈妈，很多妈妈都感慨过："为什么我的孩子脾气就那么大？"

父母千万不要给孩子贴上"脾气不好"的标签。要知道，我们平时遇到不开心的事还会委屈、发脾气呢，更别说孩子了。实际上，情绪管理也是需要培养、需要训练的，就像骑自行车一样。孩子一出生肯定是不会骑自行车的，随着孩子一天天长大，他认识了自行车的用处，身体的平衡能力也逐渐得到增强，再掌握一些骑自行车的技巧，慢慢地就学会了骑自行车。情绪管理也是这样，随着孩子慢慢长大，他们的身体和心理都会越来越成熟，对情绪也越来越了解，接下来他们就能学着慢慢调节和控制自己的情绪了。

那么，我们应该怎样培养和训练孩子的情绪管理能力呢？父母可以引导孩子用正确的方式表达悲伤、愤怒、快乐、喜悦等情绪，以此来帮助孩子管理自己的情绪。

要知道，有些孩子之所以一有情绪就哇哇大哭或者大喊大叫，这正是因为他们不会使用语言表达情绪，没办法准确说出自己的感受的表现。

比如，孩子的玩具被人拿走，他十分生气、着急，于是他会哭喊或者动手打人。如果孩子会使用语言表述，他就可以告诉对方："我很生气，这是我的玩具，我还没玩够。"再比如，孩子想吃冰激凌，父母没有同意，他可能会哭、会乱打乱踢。如果他会使用语言表述，他会说："因为吃不到冰激凌，我很伤心。"当孩子能用语言准确表述自己的心情时，他就不会只用类似哭喊或动手打人的方式来表达情绪了。因此，父母需要想一些办法，引导孩子学会正确地表达自己的要求和情绪感受。

我们可以使用先替代后询问的方法引导和教育孩子正确表达自己的感受。具体做法是，父母可以先代替孩子表述他的情绪感受和需要，比如，在孩子吃不到冰激凌乱打乱踢的时候，妈妈可以先把他抱在怀里，试着替他表达内心的感受。

父母帮助孩子说出感受的这种替代方式，能让孩子初步认识自己的情绪，进而慢慢学会自己使用语言表达情绪，这有助于孩子管理自己的情绪。

父母先代替孩子表述他们的情绪，等孩子熟悉了这种方式，掌握了一些表达生气、委屈、伤心、难过等情绪的词语以后，就可以在孩子有情绪时询问孩子："你可以跟妈妈说说，你现在的心情吗？"这个时候孩子就能平静下来，使用语言准确表达自己的情绪了。

经过一段时间的训练，当孩子再次心情不好、需求没有得到满足的时候，他们可能就会主动地告诉我们他们的需求，而不是只用类似哭喊或动手的方式来表达情绪。如此，孩子的情绪表达能力就得到了提升。

因此，当孩子的要求没有得到满足的时候，我们可以尝试着使用先替代后询问的方法与孩子沟通，站在孩子的立场上理解和表达他们的感受。时间一长，孩子也就学会了如何表达自己的情绪。当他们再遇到伤心、难过的事的时候，他们就不会再用哭闹、扔东西等方式来表达自己的情绪，而是使用"说出自己的不满"的方式来表达自己的情绪。而这些对于孩子控制情绪，培养平和的性格力量大有益处。

引导孩子讲情绪故事，提升情绪调节力

　　前面我们说了，父母要引导孩子用语言表述自己的情绪，从而提升自己的情绪表达能力。但是有些父母说，如果孩子已经会使用语言表达自己的情绪了，可他还是控制不好自己的脾气，不能拥有平和的性格力量，应该怎么办呢？针对这个问题，我们可以使用讲情绪故事的方法，以此来帮助孩子控制自己的情绪。

　　讲情绪故事是指在孩子愿意表达的时候，和孩子一起把引起他不好情绪的事再讲述一遍。父母可以先开个头，再请孩子来补充细节。比如，孩子骑自行车摔倒了，当时表现得非常害怕，事后我们可以这样引导孩子讲情绪故事：

　　妈妈可以问孩子："你还记得骑自行车摔倒是怎么发生

的吗？"

孩子可能会说："我骑得太快，没看到路上的瓶子，不小心就摔倒了，车子压在了我身上。"

妈妈接着问："当时你感觉哪儿受伤了？"

孩子可能会说："我胳膊擦伤了。"

妈妈接着引导："你当时吓坏了，是吗？"

孩子会说："嗯，我吓了一大跳，都不知道要做什么了。"

……

父母可以用这种循序渐进的提问方式，慢慢引导孩子，让他讲出自己的情绪故事。讲情绪故事，既可以帮助孩子分散注意力，又可以帮助孩子理清事情的经过。再有情绪时，孩子就能更好地了解自己的情绪，也能更快地平静下来，有效地处理自己的情绪感受。

那么，什么时间请孩子分享情绪故事比较合适呢？一般情况，我们和孩子一起吃饭、一起散步的时候比较适合请孩子分享情绪故事。这要比专门安排时间请孩子分享情绪故事，更容易让孩子接受。

父母在听孩子讲情绪故事的过程中，需要注意引导孩子从关注负面情绪转移到积极思考如何解决问题上来。有必要的话，父母也可以适当地分享一下自己小时候发生的类似的事。就以学自行车这件事为例，妈妈可以说："妈妈小时候学骑车，刚开始学了很久都没学会，特别难过。后来经过长时间的练习，终于学会了。"妈妈的这种表达会让孩子觉得，原来妈妈也有不会骑自行车而难过的时候，看来有这种情绪并不是一件糟糕的事情，而且这种糟糕的情绪不会一直持续下去，是可以改变的。

父母在引导孩子讲情绪故事的时候，只需要鼓励孩子说出感受，而不要去评论孩子的感受是好是坏。因为，这样会影响孩子对情绪的判断。

当孩子学会讲情绪故事的时候，还可以试着写情绪日记，即把当天自己印象深刻的开心或不开心的事情，用情绪日记的形式记录下来。在孩子刚开始写情绪日记的时候，我们也可以先使用讲情绪故事的方式引导孩子完成回顾的过程：当时发生了什么事？当时你的感受是怎样的？这是怎样的情绪呢？后来你感觉好点了吗？为什么？你是怎么做的？甚至，在孩子刚开始练习写情绪日记的时候，我们可以帮孩子写，给孩子做一个示范。

　　当孩子把不开心的情绪都通过情绪故事或情绪日记的方式表达出来后，他就能更加了解自己的情绪了，以后当他再有难过、愤怒等情绪的时候，他就能有效地梳理情绪，找出情绪产生的原因，并让自己更快地平静下来，这就是孩子情绪调节能力提升的表现。

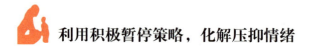 **利用积极暂停策略，化解压抑情绪**

在这一节开始前，我们先来回想一下，当孩子哭闹不止或者乱打乱踢的时候，我们是否有过这样的冷处理方式：不理孩子，让他一个人站在墙角反省。其实，很多父母不知道，这其实是一种暂停策略，但这是消极的暂停策略。这种消极的暂停策略对孩子的负面影响特别大。

无论何时，孩子都需要父母的关爱，但是父母对孩子使用消极的暂停策略并不能让孩子感受到爱，尤其是在他们最无助的时候。他们只会觉得这是一种惩罚，是父母对自己的拒绝和否定。在消极暂停的命令下，孩子的感受是糟糕的。而在这种状态下，孩子并不理性，也无法让自己真正冷静下来，他们只会更加沮丧、难过、愤怒。

那么，与消极暂停策略相对立的积极暂停策略是怎样的呢？简单来说就是，在情绪来临的时候，我们能给予自己时间冷静、思考。脑科学的研究发现，人的大脑皮层可以分为上层大脑和下层大脑。上层大脑启动时，人处在理智的状态下，能够理性地思考和解决问题；下层大脑启动时，人被本能和冲动控制，无法控制情绪和管理自我。当孩子具有强烈的情绪时，他的上层大脑就关闭了，下层大脑开始发挥作用。因此，孩子会做出各种失控的、不理性的、父母不能接受的行为。

在失控的状态下，孩子更加需要时间和空间让自己冷静下来，让上层大脑重新发挥作用。但冷静的方式必须是孩子"感觉好"的方式。父母给予孩子的消极暂停命令只会再次激活孩子非理性的下层大脑。而积极暂停命令，让孩子的上层大脑启动，能让孩子真正冷静下来，让理性大脑重新开始工作。

因此，父母需要学会以积极的方式引导孩子暂停消极的情绪。具体而言，在孩子有情绪的时候，父母不要急于解决孩子出现的问题，也不要急于让孩子的负面情绪立刻烟消云散。父母可以静静地陪在一边，允许孩子痛快地哭泣，等待孩子以自己的方式、以不伤人不伤己的方式尽情释放自己的情绪。

父母也可以和孩子协商，建立一个属于孩子自己的冷静角，并精心地装扮好，等孩子情绪来临的时候，友善地邀请孩子去冷静角平复一下心情。

很多时候，我们都期待孩子能够学会自己调整自己的情绪。但是我们要知道，孩子的大脑有两个特点：一是容易情绪化，二是不知道如何管理情绪。孩子的大脑还未发育成熟，还没有能力做到情绪一来就能很好地、快速地调节好自己的情绪。那么父母就需要帮助孩子逐渐学会使用"感觉好"的方式，对自己的负面情绪进行暂停，给予自己一段冷静期，进而启动上层大脑，平复情绪。

通过上面的分析，我们知道，孩子出现情绪失控，是因为他们受下层大脑的支配。当孩子处于这个状态的时候，其实他们是需要一段冷静期的。那么，父母要学会以积极的方式，引导孩子冷静下来，以帮助上层大脑重新工作，进而恢复平和的心理状态。

发现情绪背后的需求，疏导孩子的情绪

每种情绪的背后往往隐藏着一些未被满足的需求。而对孩子来说，更是如此。很多时候孩子有情绪，是因为他们的需求没有得到满足，比如，不舒服、饿了、渴了等。还有就是，有些孩子会因一件事反反复复地哭闹，这时父母就会觉得很烦，说："刚才不是不哭了，怎么又开始了？"其实父母不知道，孩子之所以反复哭闹，是因为父母没有真正满足孩子的某种需求，这种需求可能是心理上的，也可能是物质上的或生理上的。

如果父母能够发现孩子的内心需求，那么，父母就可以从根本上帮助孩子疏解情绪。比如，妈妈一直督促孩子写作业。于是，孩子不耐烦地说："知道了，别唠叨了！"这时孩子的情绪感受是烦躁的。因为他当下内心的需求是想安静一会儿，不被打扰。如果这时妈妈没有发现孩子对"安静"的内在需求，那么她就会不断地唠叨或讲道理。而此时，孩子可能就会感到更加烦躁。

在孩子感到烦躁的时候，我们还不断地给孩子讲道理，是根本无法起到任何作用的。如果这个时候，父母能够理解孩子的内在需求，给予他冷静的时间和空间，并且主动给予孩子真诚的关心，那么孩子的心情就会慢慢好起来。比如，在孩子因为某道题不会做或者某篇课文不会背诵而烦恼的时候，作为妈妈，我们可以和孩子说："作业这么多是挺烦的，学这么长时间也挺累的，先喝杯牛奶吧！"妈妈这样做比不停地唠叨和抱怨要好很多。这时孩子的心情可能就没有那么烦了，毕竟每个人都需要安慰。

那我们如何才能了解孩子情绪背后的真正需求呢？首先，我们要先了解孩子的情绪，然后，简单地询问孩子为什么有这个需求。当我们对孩子情绪背后的需求了解了之后，我们就可以和孩子一起想办法，看看怎样才能满足他们的这个需求，以此来缓解他们的情绪。

如果孩子的需求是当下无法满足的，那也没有关系，我们可以对孩子的需求表示理解和同情，让孩子明白我们"看见"了他的需求，并且对孩子说明他们的需求暂时无法得到满足的原因。我们也可以和孩子一起讨论有什么可以替代并满足他们需求的方式。

如果孩子年龄比较小，我们也可以直接给予孩子一个替代选择，比如，当孩子因为下雨不能出去玩而感到烦闷的时候，我们可以和孩子说："我知道你特别想和妈妈一起出去玩，妈妈也想去，可是天气不好，但妈妈可以陪你一起在家里玩沙画，等天气好了我们再出去玩，好吗？"

这样，孩子想要出去玩的直接需求虽然没有得到满足，但有了玩沙画这样一个替代并满足他们需求的方式，他烦闷的情绪就能得到一定的缓解。通过这种方式，孩子就能逐渐学会探究自己情绪背后的需求，如果需求是可以满足的，那就采取恰当的方式去满足自己的需求；如果条件不允许，需求无法得到满足，那就学会接受现实，把注意力的焦点放在其他可以满足的需求上面。时间一长，孩子的心态就会变得平和了。

身教胜于言传，情绪平和的父母最重要

    想要孩子成为一个情绪平和的人，我们首先应该让自己成为情绪平和的父母，毕竟身教胜于言传。前面我们学到了很多引导孩子平复情绪的方法和技巧，但在实践运用的时候，我们发现这些方法和技巧，只有在父母拥有理智和保持冷静的情况下，才能对孩子起到非常好的作用。

    如果父母自己都处在烦躁、伤心、愤怒等负面情绪中，所有提及的理念、方法和技巧都会被他们抛之脑后。他们不仅没有办法引导和支持孩子，反而还会给孩子带来更加负面的影响。

    孩子是最好的模仿者，如果父母的性格特别急躁，爱发脾气，孩子就很难拥有平和的性格力量。因此，引导孩子管理自己情绪最关键的一步就是，父母自己要成为情绪平和者，既能接纳调整自己的情绪，也能接纳调整孩子的情绪，这样才能更好地帮助孩子管理自己的情绪。

父母拥有稳定的情绪，孩子就能感受到父母的爱。但是由于生活和工作的压力，再加上孩子的无理取闹，父母很难控制自己的脾气，拥有平和的情绪。所以很多时候，面对无法管教的孩子，父母会变得更加烦躁。如果真的遇到这种情况，父母应该学会克制自己的情绪，并且让自己从负面情绪中暂停下来。

那么父母该如何处理自己的负面情绪呢？当有负面情绪时，我们可以先找一个安静的环境坐着，然后慢慢地闭上眼睛，进而关注身体中的情绪能量，并感受因为负面情绪的影响，身体有哪些地方不舒服。比如，我们可以先想一个最近遇到的来自孩子的"挑战"，可能是孩子上学特别磨蹭，可能是孩子为一些小事而闹脾气。

当我们想到这些"挑战"的时候，我们应该注意自己身体有哪些地方不舒服，有没有哪些部位感觉有点紧、痛。不舒服的感觉通常会出现在喉咙、胸口、胃或者腹部这些地方。这时我们要刻意注意那个不舒服的感觉，既不强迫它消失也不强迫它改变，只是注意这个不舒服的感觉。

通常情况下，当我们集中注意力去关注这个不舒服的感觉时，这种不舒服的感觉就会减弱。每当它减弱的时候，我们的注意力再靠近这种不舒服的感觉，离它足够近，直到不再感到任何不舒服的感觉。

当我们感到有压力和紧张的时候，我们也可以让自己注意围绕在身体周围的紧张感，让自己更深地进入安静，保持放松，然后体验围绕在身体周围的紧张感是否还存在。此时，我们也可以思考：保留这种紧张感对自己有帮助吗？当我们觉得保留紧张感，没有任何益处的时候，这种紧张感就消散了。

上面说的这个方法，我们在前面的内容中已经提到过了，但因为它确实是一种比较实用的处理情绪的方法，所以我们再次提到了它。除了上面这种处理情绪的方法外，借助定期冥想练习也可以锻炼自己的情绪处理能力。我自己的经验是，在定期冥想练习以后，自己对情绪暂停的处理能力比之前有很大的提升，对情绪背后的需求也能有更清晰的了解。本书也为大家提供了冥想练习的音频课程（前勒口处），希望大家能从中获得更多的帮助。

性 格 力 量 十

自 律

　　我们设定的行为后果必须有一定的力度，并且每次孩子选择做不良行为的时候，他们必须承担这种行为所导致的后果。当孩子多次体验到因自己的不良行为所导致的后果时，他们就会改变自己的行为，遵守规则，约束自己，提升自我控制力。

父母遵守规则，孩子才能更自律

　　自律的三个要素分别是构建规则、激发自主性和延迟满足的能力。我们先来说说如何为孩子构建规则，并让孩子在认真遵守规则的同时，养成自律的性格力量。**孩子自律习惯的养成，离不开遵守规则，能遵守规则是孩子自律的重要体现。**如果孩子不遵守规则，那他们也就谈不上自律了。

　　说到规则，我们必然会想到约束一词，因为在社会中生存的人都必须受到规则的约束。规则能保证社会秩序，维护公平精神，保护每个人获得自由和平等的权利。试想一下，如果没有规则，社会该是如何的混乱。

　　既然规则如此重要，那父母怎样和孩子制订规则，孩子才更愿意遵守呢？首先，我们要让孩子了解，规则并不是用来约束他们的，而是为了保护他们的权利，而且在遵守规则的时候，他们还能享有更高的自由。

比如，我们和孩子约定，写作业之前不能看电视，但写完作业之后可以看一小时的电视；可以打游戏，但不能超过30分钟。我们可以告诉孩子，他们获得了看电视和打游戏的权利，是因为他们事先遵守了规则，所以他们完全可以光明正大地看电视和打游戏。

当孩子遵守了规则，我们就要保证他们能够获得相应的权利和自由。这样，当孩子真正了解到规则是在保护他们的权利和自由的时候，他们就会乐意遵守规则了。

父母在制订规则的时候，一定要做到民主，把相互尊重作为制订规则的前提条件。孩子作为家庭中的一员，需要得到父母的尊重。父母在为孩子制订规则的时候，必须让孩子也参与进来，而不是说父母制订好了规则，孩子只要照办就行了。这显然有点强制的意味了。简而言之，父母在为孩子制订规则的时候，要让孩子参与进来，倾听孩子的意见，和孩子一起协商。在父母和孩子共同协商下制订的规则，孩子才更愿意遵守，如此孩子才能变得更加自律。

　　很多时候，父母还会陷入一个误区，认为要想培养孩子自律的好习惯，必须给孩子制订更多的规则，从生活到学习无所不包。虽说在 10 岁以前，孩子处于"他律"的发展阶段，孩子需要规则加以约束。但是，规则太多，反而会限制孩子的自由探索和发展，也容易激起孩子的逆反心理，所以规则并不是越多越好。更何况，随着孩子的成长，父母要试着引导孩子逐步从"他律"转向"自律"，而不是一直让他们处于"他律"的阶段中。

　　因而，随着孩子慢慢长大，家庭中的规则应该越少越好。这就需要父母和孩子共同协商，精简规则，只保留有效的、重要的、最根本的规则。

　　对于精简后留下来的规则，父母首先要保证自己认真遵守，其次是引导孩子认真遵守。比如，我们和孩子一起制订的规则是：每天晚上 10 点，全家人准时上床睡觉。如果孩子没有遵守"10 点上床睡觉"这个规则，父母可以适当提醒孩子。如果孩子还是一再拖拉，那么父母就需要温和而坚定地问他们："到底需要多长时间？"当我们和孩子明确了一个时间点后，规则才能发挥作用，才能让孩子学会自我约束、自我管理。

　　在刚开始训练孩子遵守规则的时候，孩子肯定不会顺从地配合，这也是很正常的。毕竟，让孩子自觉遵守规则，确实需要一个过程，需要我们多一些耐心。根据行为心理学的研究，一般经过 3～6 个月的时间，孩子就会形成比较稳固的习惯，自觉遵守规则了。

　　但这里又出现了一个情况，那就是 10 点的时候，孩子还是没有上床睡觉，这时父母会提醒孩子几次，但是几次过后，父母也懒得提醒了，索性自己也躺在沙发上玩手机了。像这种情况，虽然一开始是孩子没有遵守规则，但最后却是父母没有遵守规则。遇到这种情况，父母一定要做到自己先遵守规则，为孩子树立个好榜样，其次才是引导孩子认真遵守规则。

启发式询问，激发孩子的自律性

　　自律，是一种自我控制的能力，是指人在没有外界监督的情况下，自觉地控制、调节自己的行为，抑制冲动、抵制诱惑、延迟满足，坚持不懈地保证目标实现的能力。简单来说，自律就是一个人自我约束、自我管理的能力。

　　我们可以把自律分成"自"和"律"两个部分来看，"自"是指孩子的自主性，"律"是指规则。父母在教育孩子时，很容易只盯着自律中的"律"——规则，而忽视了自律中的"自"——自主。

　　例如，小睿在小学和初中的时候，学习成绩都非常好。因为那时他的学习计划都是父母制订的，小睿要做的就是执行学习计划。除此之外，小睿每次回家做作业，无论是爸爸还是妈妈，必须有一个人陪着他完成作业，并帮他检查错别字，然后督促他改正错别字。在父母事无巨细的管理和督促下，小睿在小学和初中的学习成绩一直都不错。但是到了高中一住校，各种问题就出现了，小睿不会制订学习计划，不会处理同学关系，一下子什么都不会做了，生活学习一团糟。

究其原因，主要是因为在小学和初中的时候，小睿的父母为他做得太多了，以致他的生活和学习计划都掌握在父母手中，他根本没有养成自律的好习惯。可以说，以前的小睿是处在"他律"的管理下，突然没有了父母的管理和监督，他又不会自己安排计划和自我管理，所以就会出现现在的局面。

那么，如何才能让孩子养成自我管理和自我约束的好习惯呢？最有用的方法是让孩子自己制订规则，并认真遵守。可能有的父母会说："孩子还小，不会自己制订规则，怎么办？"这时就需要父母发挥自己的能力，用启发式询问的方法引导孩子自己制订可遵守的规则。

比如，当我们要给孩子制订睡前规则的时候，我们可以这样询问孩子："你觉得睡觉前我们都需要做些什么呢？"
这时，孩子会自己列出睡觉前要做的事——洗澡、刷牙、
换睡衣、听故事等。再比如，对于怎么分配学习和玩耍的
时间，我们可以这样询问孩子："这些事情，你想先做哪个
呢？"或者"你觉得什么时间写作业比较适合呢？"如此，
我们就可以让孩子参与到规则的制订中来。在制订规则的时
候，如果我们按照孩子的要求制订，孩子也就更愿意去执行
规则，自律能力也就更强了。

　　如果孩子没有主动按照事先制订的规则做事，我们可以
使用启发式询问的方式提醒孩子，而不是使用命令的方式催
促孩子。父母如果能根据具体情况，经常使用启发式询问的
方法与孩子沟通，帮助孩子自己制订规则或引导他们明白做
事的道理，他们就会主动按照规则做事。如此，孩子的自律
意识就会慢慢增强，自主性也会得到进一步的激发。

培养孩子延迟满足的能力

　　著名作家保罗·柯艾略曾说："自律就是在'你最想要的'和'你现在想要的'之间做出选择。"培养孩子的自律性，除了要培养孩子的自主性以外，还要让孩子拥有延迟满足的能力。

　　20世纪60年代，美国斯坦福大学心理学教授沃尔特·米舍尔做了一个实验：他带领研究人员，召集了10个4岁的孩子，让孩子们都待在一个房间里，并给予每个孩子一块果汁软糖。研究人员告诉孩子们："现在你们有两个选择：一是立刻吃掉自己的那块果汁软糖；二是在房间里等待10～15分钟，如果能坚持10～15分钟，那么之后就能吃两块果汁软糖。"

研究人员离开后，很多孩子禁不住诱惑，立刻就把自己的那块果汁软糖吃掉了，但也有一些孩子选择了等待。15分钟后，研究人员回来了，那些选择等待的孩子得到了两块果汁软糖。

14年之后，沃尔特·米舍尔又对这些孩子进行了一次回访。他发现，那些在4岁时就有毅力等待获得两块果汁软糖的孩子，在高中时期，各方面的表现比那些不愿意等待的孩子更出色。后来研究人员又进行了进一步的跟踪调查，调查显示，那些有毅力等待的孩子在成年后普遍获得了更大的成就。这个实验里面的那些选择等待的孩子所具有的等待的能力就是延迟满足的能力。

因此，我们可以说，引导孩子学会等待，抵御诱惑，发展延迟满足的能力，是培养孩子自律能力的重要一步。那父母该怎么做才能帮助孩子发展延迟满足的能力呢？这就要求父母做到既不满足孩子的过分要求，也不刻意拒绝孩子的正常需求。

每个孩子都有各种各样的需求，比如，玩玩具、吃零食、看动画片等。如果父母过度满足孩子的需求，孩子想要什么就给什么，想干什么就干什么，那么时间一长，孩子就会变得不懂节制、不懂珍惜。因此，父母应该适当地满足孩子的需求，不应该助长孩子的不良嗜好。父母不过度满足孩子的需求，并不是说父母就要拒绝孩子的一切需求，对于孩子的正常需求，父母还是要尽量满足的。

有些父母为了训练孩子延迟满足的能力，会故意不满足孩子的需求。孩子想要吃面包，父母说不行！孩子想去游乐场，父母说不行！孩子想要买个玩具，父母还是说不行！如果父母经常这样，就会造成孩子的正常需求无法满足。如果孩子的正常需求经常得不到满足，那么当未来有一个小小的诱惑出现的时候，他们就会无法抵御诱惑，自律也就无从谈起了。

在生活中，我们也经常会看到这样的场景：父母在的时候，孩子显得格外自律，不吃零食，也不看电视，非常乖巧；而父母一旦离开，没有了外界的监督，孩子就可能控制不住自己，吃零食、看电视、玩游戏。而这就是孩子没有养成自律的好习惯的表现。

因此，父母在平时应该做到既不过度满足孩子的需求，又不刻意拒绝孩子的需求，温和而坚定地告诉孩子，要学会克制自己的欲望，适时地等待。

　　孩子在学习等待，培养延迟满足能力的过程中难免会有一些情绪反应，比如，生气、哭闹、伤心、沮丧等，这是很正常的情况。父母要接纳孩子的情绪反应，通过拍拍肩膀、摸摸头、拥抱等方式给予孩子一定的安抚，帮助孩子平复情绪。这样，孩子就能慢慢学会等待，提升延迟满足的能力，进而培养出自律的好习惯。

良好的亲子关系，有助于脑部自控力的发育

　　前面，我们已经说了培养孩子自律能力的方法，那么接下来我们就来说说如何培养 0～3 岁孩子的自我控制能力，让他们能够抑制冲动，并在父母的帮助下完成一些符合社会期待的行为，从而为自律能力的发展打好基石。

　　0～3 岁孩子的身心发展可以分为两个阶段：第一个阶段是 0～1.5 岁，第二个阶段是 1.5～3 岁。因此，父母在培养不同年龄阶段孩子自律能力的时候，需要了解和注意的事项就有所不同了。

　　第一个阶段，即 0～1.5 岁，这是父母和孩子建立良好亲子关系的重要时期。心理学研究表明，这一时期，孩子与主要养育者亲子关系的质量，对于孩子自控力的发展具有很大影响。如果这一时期孩子没有和养育者发展出良好的关系，孩子就会长期处于不安全感和压力感并存的状态下，进而导致体内一种叫作皮质醇的荷尔蒙长期偏高，从而抑制脑部自控力的发育。因此，这一时期，父母必须和孩子建立良好的亲子关系。

父母要和孩子建立良好的亲子关系，最重要的是要对孩子的需求比较敏感，尽量做到及时了解和满足孩子的需求，特别是喂养和情感需求。比如，孩子哭了，妈妈要了解孩子是饿了还是尿尿了，然后，立即给孩子喂吃的或更换尿布。如果对于孩子的需求妈妈总是能及时给予满足，那么孩子就会具有十足的安全感，并逐渐发展出对妈妈的信任，进而发展出对世界和亲密关系的信任。

相反，如果父母等到孩子哭累了，或者哭得睡着了，睡着又醒来，食物还是没有拿来，尿布还是没有更换，孩子可能就会慢慢发展出不信任的感觉。他们会将世界看作不友好的和不能预测的，并且也不会和抚养人之间形成亲密关系，当然也不能产生安全感。那么他们脑部自控力的发育就会受到一定影响。

　　第二个阶段，即 1.5～3 岁。在这个年龄段，父母需要注意尊重孩子的自主性和训练孩子延迟满足的能力。1.5 岁左右的孩子开始发展出自我意识，好奇心很强，自主性很强，觉得自己什么都行，什么都喜欢自己做。研究表明，孩子的自主性是自我控制的基础。孩子如果能把自己看作一个独立自主且能主导自己行为的人，那么他们就能更加主动地控制自己的行为了。

　　因此，在保证孩子安全的情况下，我们可以让孩子尝试着做他们力所能及的事情，比如，洗手、大小便、穿衣服、收拾玩具等。我们也可以让孩子做一些简单的家务，比如，倒垃圾、擦桌子、剥橘子皮等。刚开始的时候，我们可以给孩子做出示范和引导，当孩子能够独立完成的事情越来越多的时候，他们就会拥有"我能行"的感觉，并且这种感觉会随着能力的不断增强而越来越强。

　　在这个阶段，因为孩子开始发展自己的自主性了，所以他们会经常说"不"，父母要知道这是正常的，是孩子寻求独立的努力，不是父母口中所谓的倔强和叛逆。当然，这并不意味着我们要答应孩子的所有要求，当孩子做出伤害别人、伤害自己、破坏环境等不良的行为时，我们也要温和而坚定地给予制止。如果我们能随时把握好"度"的问题，我们就能保护孩子的自主性，促进孩子自律性格力量的形成和发展。

另外，在 1.5～3 岁这个年龄段，随着孩子行走和语言能力的发展，他们的活动空间也会有所扩展，需要学会等待的事情也会随之增加。比如，当孩子和别的小朋友争夺秋千的时候，我们要让他学会等待，并告诉他："等排在前面的小朋友玩了之后再玩。"

不只是要求我们自己的孩子，如果是别的小朋友与我们的孩子争抢东西，我们也必须明确地告诉这些小朋友先来后到的规矩，要学会等待，遵守秩序。这样一来，我们的孩子会逐渐懂得，只要耐心等待，自己的合理要求就一定能得到满足。在生活中，如果我们发现孩子有延迟满足的行为，我们也要及时表扬孩子，让他们明白自己的做法是正确的。

总的来说，在培养孩子自律能力的时候，父母要根据孩子不同的年龄阶段，有针对性地培养孩子的自律能力。对于 1.5 岁以下的孩子，父母要与孩子建立良好的亲子关系，因为良好的亲子关系对于该年龄段孩子的脑部自控力的发育非常重要。对于 1.5～3 岁的孩子，我们需要注意尊重孩子的自主性和训练孩子延迟满足的能力，让孩子尝试着做自己力所能及的事，并逐渐培养等待的意识，让孩子学会克制欲望，提升自我控制的能力，为自律能力的发展打好基础。

引导和惩罚相结合，改掉明知故犯的毛病

　　对于错误，孩子明知故犯，想必是很多家长都很生气的事。比如，孩子明明知道玩完玩具需要收拾，可还是只管玩不管收；明明知道长时间看电视会伤眼睛，还是吵着要再看一集；明明知道应该早睡早起，还是不肯按时上床睡觉；明明知道吃糖对牙不好，还是哭着闹着要吃……对于孩子的这些不良行为，可能父母已经和孩子说了很多次了，可孩子就是改不掉。其实，这可能是孩子控制自己行为的能力还没有发展起来所致。

　　孩子对于错误明知故犯，也可能是因为平时我们对孩子的关注比较少，孩子想用这种方式来引起我们的关注。最开始，孩子可能只是想通过一些行为引起我们的关注，后面可能就是惯性使然了，也就是说无法控制自己的行为。

对于孩子的明知故犯，我们可以先正面提醒孩子，告诉他父母期望他去做的良好行为，再说出良好行为和不当行为分别能导致何种结果，最后让孩子自己做出选择——应该采取哪种行为。最重要的一点是，父母一定要告诉孩子，无论他选择哪种行为，都要为自己的行为结果负责。通过这种方式，我们可以提升孩子自我约束和管理的能力。

我们来举个例子。鹏鹏玩完玩具总是忘记收拾，妈妈提醒过很多次也不起作用。这次，鹏鹏玩完玩具又没有收拾，但妈妈没有唠叨，而是走到鹏鹏面前认真地说："鹏鹏，我看见你的玩具还没有收起来呢。"鹏鹏说："可是我不想收。"妈妈说："你还记得我们约定的规则吗？"鹏鹏说："记得，玩完玩具要自己收起来。"妈妈说："嗯，没错。所以，如果你能在 10 分钟之内把玩具收拾好，下次还可以玩。如果你不收拾的话，妈妈帮你收，但你以后就不能玩了。"鹏鹏听了妈妈的话，想了一下赶快去收拾玩具了。

通过这段对话我们知道，当孩子了解了自己的不当行为能够产生相应的不好的后果的时候，那么他们就会做出对自己有利的选择。

可是，有时候父母已经说了不好的行为会导致的严重后果，但孩子还是不愿意把事情做好，怎么办呢？此时，父母并不需要生气和愤怒，但一定要严格执行自己说出的"惩罚"。就以鹏鹏为例，如果鹏鹏没有及时收拾好玩具，妈妈必须执行"不能玩了"这个惩罚，即便孩子又哭又闹，也必须执行。只要父母能坚决执行几次惩罚，孩子就会明白："父母是认真的"。

很多心理学家都验证过这种做法的可行性，如果父母能正确地运用，肯定能帮助孩子改正不当行为，并且帮助他们将规则意识慢慢内化，提升自我约束、自我管理的能力，从而增强自律的性格力量。

总结一下，当孩子明知故犯时，我们要把心态放平和，不带情绪地正面提醒孩子我们期望他去做的良好行为。当我们只是客观地描述事实的时候，也就不容易引起孩子的对立情绪了，同时也能让孩子意识到自己应该去做的事情。当孩子有能力和意愿去改正自己的行为时，他们的自律能力就在这个过程中得到了发展。

　　如果孩子不听劝阻，仍然坚持自己的不当行为，那么父母就需要告诉孩子坏的行为会让他们承担的后果。我们设定的行为后果必须具有一定的惩罚力度，并且每次孩子选择做不当行为的时候，他们必须承担这种行为所导致的后果。当孩子多次承受自己的不当行为所导致的后果时，他们就会改变行为，遵守规则，约束自己，提升自我控制力。

通过畅想美好未来，激发自律的内在动机

　　培养孩子的自律能力，让孩子养成良好习惯，我们还可以从勾画愿景开始。勾画愿景是指父母引导孩子通过畅想未来的方式，想象一下如果养成自律的习惯，以后会是什么样的情景，会有什么好处，会听到什么样的夸奖等。父母引导孩子畅想的愿景要对孩子具有足够的吸引力，能够真正激发孩子自律的内在动机。

　　为了实现这个美好愿景，我们可以请孩子设定一个具体的目标，将他想要掌握的某个技能或想要养成的某个习惯，落实到可操作的层面上，比如，自己主动洗手、自己制订学习计划、自己安排睡觉时间等。这些小的计划是孩子实现美好愿景的实施方案和做法。

　　制订目标后，父母要和孩子约定好每天都要进行自我评估，自我评估时间必须是固定的。比如，每天傍晚散步的时候，父母引导孩子回顾，今天在这个自律计划上有哪些做得好的地方，有哪些没有做好的地方，以及哪些是明天必须做好的。父母要引导孩子学会自我评估，而不是父母对孩子进行评估。因为，父母的评判并不一定就是正确的，更重要的是，不利于孩子的自我思考和改善。

　　约定好进行自我评估的时间和方式后，我们还要和孩子商量，如果忘记任务，该怎么进行自我提醒。比如，孩子想要养成的习惯是——每天晚上 10 点上床睡觉，有的孩子会定一个 10 点的闹钟提醒自己，有的孩子会把任务写在便签纸上，等等，这些都可以作为自我提醒的方式。

　　同时，我们也要和孩子协商一下，如果完成任务，该怎么庆祝。这里讲的庆祝并不是给予孩子奖品。奖品只会让孩子为了奖品本身而努力，而庆祝的意义在于提醒和激励孩子。这些小的庆祝仪式，可以是一个拥抱，可以是一个家庭游戏节目，可以是一段特殊的自由时光。

　　最终，在孩子养成了某一方面的习惯时，我们可以和孩子一起设计一个庆祝会，让孩子通过这个庆祝会，拥有一种美好的感受。追求美好的感受是人的一种天性，当孩子能够把自律和美好的感受联系在一起时，孩子就会更加主动地去培养自律的性格力量。同时，这个庆祝会，既是这个自律计划的终结，也是下一个自律计划的开始。

后记

　　生活中，我们每时每刻都会面临选择，当一个小生命来到我们的世界时，我们的选择中又多了一个不得不考虑的因素。但正因为有了这个小生命的到来，我们的爱才算完整。世界可以很复杂，也可以很简单；人生可以很复杂，也可以很简单，这一切都取决于我们的选择。

　　家庭中，父母对我们的影响以及我们从小到大所受的教育，都会不知不觉地左右着我们的选择。但是，世界在变化，且以一种我们无法想象的速度在变化，我们经常会感到自己无法跟上这个快节奏发展的世界的脚步，而且我们也发现，我们以前的思考和选择方式已经过时或者被时代淘汰了。不管是以前还是现在，我们大多数人受到的教育都是一种以生存竞争为导向的教育，我们容易受危机感、匮乏感所驱动。这种不好的感觉压制着我们内心的热情、勇气和创造力。

我们相信，未来世界的变化速度会比我们这个时代的变化速度更快。作为父母，我们无法预知未来孩子所处的世界是什么样的，但我们知道，如果我们的教育方式能从以生存竞争为导向转到以人格和发展为导向上来，未来的世界或许会从"一个硝烟弥漫的战场"转变成"一个妙趣横生的乐园"。

我们怎样想，怎样做，决定了我们周围的世界是怎样的。这就是选择的力量。

本书讲的十大性格力量，有助于使孩子的未来从被生存与安全驱动向被自我实现驱动转变，从被恐惧驱动向被爱驱动转变，有利于孩子发展自我意识，养成独立思考的习惯，帮助孩子发展同理心，未来能以积极的心态面对挫折，面对人生。

我们应该清楚自己对孩子的天然影响，对孩子的教育过程更是我们的自我教育过程。我们拓展自己的学习边界，不但可以帮助孩子拥有更积极的人生，同样的，我们也可以把和孩子互动中学到的、获得的能力，迁移到我们的日常工作和生活中，为我们的生活和事业带来帮助。

想要在与孩子的互动过程中更好地运用到本书中所提到的方法，父母应该具有清晰、专注、不受负面情绪所左右的内在状态。而要做到这些，我们可以通过冥想练习来实现。

冥想练习是一种比较好操作的练习，它适用于我们每一个人，不论我们的初衷是让自己不被负面情绪所左右，缓解压力，改善睡眠，还是更好地与身边的人和事建立良好的关系，都可以为我们带来帮助。

根据麻省大学医学院分子生物学家乔·卡巴金博士的研究，练习冥想的人会将大脑活动的层级从活跃、紧张的右额叶皮层转移到更稳定的左额叶皮层。而新罕布什尔大学健康教育办公室认为，定期进行冥想练习可以降低血压，减少人们对尼古丁和酒精的渴望，可以提高工作和学习的效率，可以提高人际关系质量。

我们免费为大家提供关于情绪释放和正念呼吸的冥想

引导，通过微信扫描前勒口的二维码即可获得冥想引导音频，该音频中的冥想练习能使大家拥有更加平静的内在状态。